한국농업 희망솔루션

99% 보통농민과 함께 만드는 꿈

초판 1쇄 인쇄	2012년 3월 21일	
초판 2쇄 발행	2012년 6월 8일	
지은이	이헌목
펴낸이	윤주이
펴낸곳	한국농어민신문사
기획·편집	김선아
일러스트	김휘승
디자인	G-Frog 디자인(070-4255-1589)
주소	(121-841) 서울시 송파구 가락동 71번지 한농연회관
대표전화	02-3434-9000, 070-8255-8386
팩스	02-3434-9077, 02-6300-8385
등록일자	1998년 2월 6일
출판등록	제1998-75호
홈페이지	www.agrinet.co.kr

ISBN 978-89-88747-18-6

이 책은 저작권법에 따라 보호 받는 저작물이므로 무단 전재와 무단 복제를 금지하며,
이 책 내용의 전부 또는 일부를 이용하려면 반드시 저작권자와 한국농어민신문사의 서면동의를 받아야 합니다.

한국농업
99% 보통농민과 함께 만드는 꿈
희망솔루션

이헌목 지음

한국농어민신문

| 추천사 |

보통 농민이 꽃피우는 농업

　이헌목 소장님은 저와 오랜 동안 사귀며 밥도 먹고, 술도 마시고, 이야기도 많이 나누어 온 분이다. 그는 만날 때마다 농민들이 일어서야 우리나라 농업·농촌이 살아난다고 목소리를 높이곤 했다. 한 두 번은 '맞습니다'라고 맞장구를 쳤으나 만날 때마다 반복되는 레퍼토리에 식상하여 '그것은 맞는데 어떻게 일어서게 하지요? 그 방법이 있어야지요'라고 했던 핀잔이 이 책으로 돌아왔나 보다.

　이헌목 소장님은 독일병정이란 별명답게 앞만 보고 고집스럽게 걸어온 사나이로 유명하다. 그런데 이런 사나이의 변신이 기가 막힌다. 농림부 국장을 벗어던지고 농협 감사위원장이 되었을 때, 깜짝 놀라기는 했지만 포청천 역할이니 제격이다 싶었다. 그런데 그 후 다시 한농연 농업정책연구소장으로 가려는데 어찌 생각하느냐고 물어왔을 때는 정말 놀랐다. 그런데 그의 선택은 농민이 일어서야 한다는 신념의 연장선에 있음을 알았고, 나는 정말 훌륭한 선택이라고 적극 찬동했다. 한농연에서 농민을 상대로 교육에 열정을 태우던 그는 지금 농산업경영연구소를 만들어 강의와 칼럼을 통해 농민이 일어서야 한다고 설파하고 있다. 삶의 방식은 고집스러우면서도 하나의 신념을 향해 변신을 거듭해 온 사람이 무슨 이야기를 썼을까? 정말 이 책이 농민을 일어서게 할 수 있을까?

　이 책은 "농산물의 경쟁력은 농장에서가 아니라 소매상의 매대 위에서 결정된다"는 인식에서 출발한다. 이 말은, 생각해 볼수록 매우 많은 것을 웅변하고 있으며, 그만큼 저자의 통찰력을 집약하고 있다. 이런 통찰력은, 저자가 농정 담당자로, 농협 임원으로, 그리고 농민단체 연구소의 책임자로, 실로 흔하지 않은 다양한 경험을 하며 스스로 묻고 답하는 탐구의 여정을 통해 체득한 것이라고 생각된다. "농민들이, 보통농민들이 희망을 가지고 살 수 있는 방안을 찾고 또 찾아 헤매었다. 불가능한 방안이라고 제쳐버렸던 방안까지 다시 뒤집어 보았다"는 저자의 말에 그 힘든 여정이 배어 있다.

　저자는 이 책에서 지금의 '농업시스템'을 하나하나 분해하고 다듬어 다시 끼워 넣는 일을 체계적으로 추진해야 하며, 그 일을 농민들 스스로 주도해 나가야 엘리트 농민과 보통 농민이 함께 희망을 가질 수 있다고 주장한다. 그래서 저자는 '우리 농업의 희망 꽃피우기 운동'이 농촌 현장에서 들불처럼 일어나길, 이 책이 그 들불을 지피는 불씨, 불소시게로 쓰이길 바란다는 간절한 소망을 말한다. 그리고 뜻 있는 사람들이 함께 불씨를 들고 들판으로 나가자고 제안한다. 모두가 한 번 읽어보고 우리 농업시스템에 대해 스스로 묻고 답하는 시간을 갖기를 꼭 권하고 싶다.

이 정 환 GS&J 인스티튜트 이사장 · 전 한국농촌경제연구원 원장

| 여는 말 |

농림부, 청와대, 농협, 농민단체까지
'별난 이력'으로 찾아낸 우리 농업의 대안

'우리 농업에 희망이 있는가?'

정치인도, 정책당국자도, 농민도, 국민도 알고 싶은 사항입니다. 하지만 안타깝게도 다들 '희망이 없다'고들 생각하고 있는 것 같습니다. 그러나 단테는 "지옥은 희망이 끊어진 곳"이라 했습니다. 사람은 누구나 희망을 가질 수 있어야 합니다.

그동안 저는 생각과 입장이 다른 여러 위치에서 농업문제를 바라볼 수 있게끔 공부하고, 경험하는 행운을 누렸습니다. 저는 농대 농화학과를 나왔습니다만, 뒤늦게 행정대학원에 들어가 행정학을 공부하고, 행정고시에 합격했습니다. 공무원으로서 미국에 가서 경영학도 공부했습니다. 국방대학원도 다녔습니다.

각 부처 인재들이 모인 스터디 그룹(Study Group)에 참여하고, 청와대 경제비서실 농림수산행정관으로 근무한 덕분에 국가 전체의 경제에 대한 시각도 조금은 갖게 되었습니다. 인생 황금기 25년을 농림부에서 보낸 제 생각의 DNA는 세월이 아무리 흘러도 농림공직자의 그것일 겁니다.

'잘 나가던' 공무원 생활을 중도에 접고, 농협중앙회로 나가 3년

을 근무하는 동안 농협 내부 문화에도 조금은 젖었을 겁니다. 그러나 '편하고 월급 많은' 농협자회사를 마다하고, '척박한' 농민단체를 선택한 것은 운명이었습니다. 거기서 5년 반을 근무하면서 저는 우리 농민들이 희망을 가지고 살 수 있는 방안을 찾고, 또 찾았습니다.

많은 전문가들이 우리 농업은 규모가 작아 경쟁력이 없다고 합니다. 경쟁력이 땅 넓이와 농민의 역량에 달렸다고 전제하고 있습니다. 그러나 농산물의 경쟁력 유무는 농장에서가 아니라, 소매매장의 매대 위에서 소비자의 선택 여부로 결판납니다. 매대 위의 농산물은 단순히 농민이 생산한 농산물이 아닙니다. 연구자의 창의적 연구의 결과이며, 농업정책의 타당성의 결과이며, 유통단계의 효율성의 결과이며, 판매자의 마케팅 역량의 결과입니다.

생산비는 소비자가격의 극히 일부에 지나지 않습니다. 우리 농산물이 소비자의 선택을 받도록 만들기 위해서는 농민뿐만 아니라, 우리 농업계 모두가 최선을 다 해야 합니다. 모두가 하나의 생명체처럼 협력하는 시스템을 이루어야 합니다. 지금은 국가 간 농업시스템 경쟁시대입니다. 지금은 공존과 공생의 시대입니다. 잘 나가는 농민

| 여는 말 |

들의 농산물뿐만 아니라, 보통 농민의 농산물도 소비자의 선택을 받아야 합니다.

저는 **우리 농업이 활용할 수 있는 사람과 자원이 결코 적지 않으며, 우리 농업의 여건도 결코 불리하지 않다**는 사실을 알게 되었습니다. '10만'의 우수한 농협 임직원이 있고, 수천 명의 유능한 농림공직자가 있고, '1만'의 농촌진흥청, 시군농업기술센터 연구진이 있고, 50개가 넘는 농업계 대학과 전문학교도 있습니다.

18조원의 정부예산, '몇 조' 단위의 농협 신용사업순익, 그리고 지방자치단체의 예산 등 '천문학적인 재원'이 있습니다. 세계에서 가장 똑똑하고 부지런한 농민이 있고, 우리 농산물을 사랑해 주는 5천만 국민이 있고, 중국이라는 가장 유망한 농산물 수출시장을 가까이에 두고 있습니다. 지금 한류는 세계로 뻗어가고 있습니다. 문제는 우리 농업계가 가진 사람과 돈을 효과적으로 결합하고, 여건을 활용하는 주체와 시스템이 없다는 것이었습니다.

제가 내린 또 하나의 결론은 **농업문제 해결의 핵심과제와 기본방식은 세계 어디서나 크게 다르지 않다**는 것입니다.

　첫째, 글로벌경쟁에서 살아남기 위해서는 어느 나라 농업이든 획기적인 신기술과 신품종을 연구 개발하고, 품질 좋은 농산물을 생산해야 합니다. 소비자들의 신뢰와 사랑을 받아야 하고, 가장 적은 비용으로 물류가 이루어지게 해야 합니다. **어떻게 해야 연구, 생산, 유통, 마케팅 등 이 '모든 일'을 가장 효율적으로 해낼 수 있을 것인가?** 이 문제를 풀어야 했습니다.

　둘째, **농업과 농민을 위한 정책이 올바르게 입안되고 집행되도록 해야 합니다.** 어느 나라에서나 농업문제는 시장에서 다 해결하지 못하고, 정부가 많은 정책적인 지원을 하고 있습니다. 그 많은 지원 정책들이 올바르게 수립되고, 집행되기 위해서는 '가장 직접적인 이해당사자이고, 가장 현장을 잘 아는' 농민들의 의견이 제대로 반영될 수 있는 체제가 구축되어야 합니다. 농민들은 품목, 지역, 세대 등 이해관계와 관심사항에 따라 '기초조직'을 만들고, 하나로 조율된 의견을 내놓을 수 있어야 합니다. 이들 '기초조직' 모두가 참여하는 대의기구를 만들어 전체 농민들의 의견을 하나로 수렴하고, 조정할 수 있어야 합니다. "어떻게 하면 농민들이 단단한 '기초조직'을 만들고, 그

| 여는 말 |

들 '기초조직'이 다 같이 참여하는 농민대의기구가 만들어지게 할 것인가?" 이 문제를 풀어야 했습니다.

셋째, 우리 농업·농정체제를 변화시키는 힘은 결국 농민에게서 나와야 합니다. 기득권을 가진 조직과 개인은 그 나름의 체제 논리와 조직력과 권한을 가지고 변화에 강력히 저항할 것입니다. 기득권 그룹은 변화의 필요성을 느끼지 못하기 때문입니다. 그러니 농업 문제의 당사자인 농민들이 그들의 저항을 극복하면서 농업계를 변화시켜야 합니다. 농민들의 강력한 자강정신에 바탕을 둔 새로운 농민운동, '우리 농업 희망의 꽃 피우기 운동'이 농업·농촌 현장에서 들불처럼 일어나야 하는 것입니다.

이 책은 저의 경험과 지식과 고민의 산물입니다. 농민지도자들이 농민운동을 전개하려 할 때, 이 책이 하나의 참고서가 되었으면 하는 바람입니다. 이 책의 논리와 대안이 농정을 담당하는 공무원들에게 정책 개발의 자극제가 되었으면 하는 바람입니다. 농업문제의 대안을 고민하시는 모든 분들께 이 책이 하나의 비교잣대로 사용되었으

면 하는 바람입니다.

　이 책이 나오기까지 몇 분의 요청과 도움이 있었습니다. 서정의 전 한농연 회장님의 "농민들이 농업문제의 앞뒤를 알게 하는 책을 하나 써 달라"는 부탁이 있었습니다. 한국농어민신문사의 김선아 부장님은 이 책의 흐름을 잡아주시고, 문장을 다듬어 주셨습니다. 한농연 전 사무국장 김휘승 님은 이 책의 요소요소에 삽화를 그려 넣어 책의 내용을 눈으로 느끼고 이해할 수 있게 했습니다.

　우리 농업계에는 농업 문제를 진실로 걱정하는 분들이 많습니다. 이런 분들이 구심점을 만들고 지혜와 힘을 모으면, 우리 농업은 분명 희망의 꽃을 피울 수 있으리라 확신합니다!

우리 농업 희망의 꽃을 피우기 위해

2012년 3월

이 헌 목

contents

추천사 | 여는 말 _ 4

**제1장
실패한
희망찾기**

1. 우리 농업, 희망이 있는가, 없는가? _ 16
2. 역대 정부의 희망찾기 노력 _ 21
3. 희망찾기, 왜 실패했나 _ 29
   (1) 농정을 주도하는 그룹,
       글로벌경쟁의 특성과 대응방식을 모른다
   (2) 농업 문제의 진정한 주인인 농민들의 각성이 없다
   (3) 농협은 변하지 않았고,
       밖에서 변화시키지도 못했다
   (4) 관과 민, 조직과 개인 사이
       힘의 불균형이 너무 크다

**제2장
우리농업
가능성의
재발견**

1. 영농규모와 생산비가 경쟁력의 전부는 아니다 _ 46
2. 농업 기술도 세계 최고를 꿈꿀 수 있다 _ 56
3. 농산물 판매와 수출,
   뉴질랜드 농민보다 더 잘할 수 있다 _ 60
4. 우리 농산물 국내외 시장은 무한하다 _ 65
5. 일하는데 필요한 사람과 돈도 충분하다 _ 69
6. 우리 농민은 세계에서
   가장 똑똑하고 부지런하다 _ 73

**제3장
희망의
조건**

1. 공감할 수 있는 비전과
   그 실현방안이 보여야 한다 _ 78
2. 후농(厚農)의 꿈을 위해 _ 84
3. 편농(便農) · 안촌(安村)의 꿈을 위해 _ 107
4. 상농(上農)의 꿈을 위해 _ 136

제4장 **희망 솔루션**	1. 농협의 주인은 농민이다 _ 154 2. 품목별대표조직을 육성하라 _ 173 3. 농업R&D 및 교육체제를 혁신하라 _ 177 4. 농업회의소를 설립하라 _ 186 5. 농민들의 자강정신을 함양하라 _ 196
제5장 **함께 꿈꾸는 미래**	1. 희망의 꽃이 피어난 우리 농업의 모습 _ 204 2. 희망의 꽃 피우기, 상상 이상으로 어렵다 _ 211 3. 나의 '작은' 변화가 '큰' 변화를 만든다 _ 215 4. 우리 농업, 희망의 꽃 피우기 운동! _ 223
별첨	돈을 "쏟아 붓는"데도 농민들이 데모하는 이유 _ 226 정책이 만들어지는 과정과 한농연의 역할 _ 230 네덜란드의 R&D체제 _ 240 프랑스의 농민단체와 농업회의소 _ 245

우리 정부, 우리 지방자치단체, 우리 농협 등 거대조직의 힘은 조직의 크기만큼이나 크다. 명색이 그들 조직의 주인이라고 하는 국민 개인과 조합원 농민의 힘은 그 앞에 왜소하기 짝이 없다. 그들 조직이 농민 위에 군림하지 않고 봉사하는 조직이 되게 하려면 어떻게 해야 할까? 그들이 자기 조직의 이익이 아니라, 우리 농업과 농민의 이익을 위해 최선을 다하게 하려면 어떻게 해야 할까? 이런 문제를 풀어야 한다.

제1장

실패한 희망찾기

1 우리 농업, 희망이 있는가, 없는가?

지금 우리 농민들은 한 마디로 '악전고투'하고 있다. 힘들게 농사를 지어봤자 수지를 맞출 수 있다는 자신이 없다. 정부는 가격이 조금만 오르면 물가를 안정시킨답시고 관세까지 없애면서 농산물을 수입한다. 이상기후로 농작물이 언제 어떤 피해를 입을지 몰라 항상 불안하다. 단경기에도 쌀값이 내려가는 기현상이 한 두 번이 아니었다. 고추, 마늘 등 채소·특작농사는 일할 사람을 구하지 못해 농사짓기가 힘들다. 비료, 농약, 유류, 사료 등 농자재와 농기계 값은 오르기만 한다. 구제역으로 소, 돼지 키우기가 어렵게 되었다. 조류독감으로 닭, 오리 키우기도 어렵게 되었다.

이런 저런 결과로, 농가의 농업소득은 계속 줄어들고 있다. 2008년에는 965만원, 2009년에는 970만원으로 1천만 원 밑이다. 여기에 그치지 않는다. 진짜 시장 개방이 기다리고 있다. 세계의 농업강국 EU와의 자유무역협정은 2011년 7월에 이미 시행되었다. 미국과의 자유무역협정도 3월 15일 공식 발효됐다. 중국과의 자유무역협정도 조기에 체결하자고 한다. FTA대책을 만든답시고, 여야가 설전을 벌이고 있지만, 2011년도 농업예산은 2.2%밖에 늘지 않았다. 4대강 관련 예산을 빼면 오히려 줄었다는 비판이다. 2012년도 예산도 전년에 비해 겨우 3% 늘었다.

"우리 농업은 답이 없다" 패배감에 젖은 '장수'들

그래도 개방 초기에는 농업계 모두가 의욕을 가지고 우리 농업의 현대화에 매달렸다. 정부의 지원도 많았고, 국민의 성원도 많았다. 그렇지만 세월이 가도 우리 농업의 경쟁력은 높아지지 않았고, 우리 농민들의 소득도 기대하는 만큼 늘지 않았다. 시장 개방은 현실로 다가와 있는데, 개방대책은 효과가 나지 않고 있는 것이다. 농민들의 불평과 불만은 더욱 커지고, 농업에 대한 정부의 지원과 국민의 성원은 점점 줄어들고 있다. 그러니 '우리 농업, 앞으로 희망이 있는가, 없는가?'라는 질문에 아무도 시원한 대답을 해주지 못하고 있는 것이다.

사실 애써 답을 하려는 사람도 없고, 들으려는 사람도 없다. 드러내놓고 말은 안 해도 많은 사람들이 "우리 농업은 답이 없다. 희망이 없다"고 생각하기 때문이다. 심지어 농민지도자들 중에도 이런 말을 하는 사람들이 있다. "시장개방이 불가피한데, 우리 농업은 너무 영세하여 경쟁력이 없다"는 것이다. 패배감에 젖은 '장수'들이 한 둘이 아니다. 이런 '장수'를 앞세운 전쟁은 해보나마나 결과는 뻔하다 할 것이다.

상당수 일반경제학자들와와 언론들은 "정치인들이 (희망도 없는) 농업에 돈을 쏟아 붓고 있다"고 비판하고 있다. "농업이 나라경제 발전의 발목을 잡아서는 안 된다"며 구조조정을 요구한다. 그러나 '구조조정을 당한' 농민들이 어디서 무엇을 하며 살아갈 것인가에 대해서는 말이 없다. 반면, 농업계의 경제학자와 농민지도자들은 "농업은 단순히 경제적인 잣대로만 얘기할 수 없다. 농업의 공익적인 가치가 67조원이나 된다. 식량안보와 식량주권은 반드시 지켜져야 한다." "생명산업인 농업을 보호하고 지원하는 것은 당연하다"고 목소리를 높인다. 이러한 농업계의 식량안보와 농업의 공익적인 가치 논리에 대해 일반경제계와 경제 관료들의 반응은 시큰둥한 정도를 넘어 냉소적이기까지 하다.

소수의 '억대 농가'와 100만의 '보통 농가'

물론 창의적인 농가, 운이 좋은 농가들이 '억대 농가'로 성공한 사례가 없지 않다. 2009년 농림수산식품부가 조사, 발표한 '억대 농가'는 9,054 농가였다. 2012년 1월에는 16,000농가로 크게 늘었다는 보도가 나왔다. 정부는 이러한 성공사례를 들어 '우리 농업은 가능성이 있다'고 한다. 다른 농민들도 이들처럼 하면 성공할 수 있다고 홍

보하고 있다. 더 많은 '억대 농가'를 육성하기 위해 젊고 유능한 농가를 선택하여 정책 지원을 집중하겠다고 한다. 덩달아 각 지방자치단체도 '억대 농가'를 몇 명 육성한다는 목표를 내세우고 있다. '젊지도 유능하지도 않은' 100만의 보통 농가들에게는 오히려 박탈감을 주고 있다. 어렵다고 어디 하소연할 데도 없게 만들고 있다. 보통 농민들은 희망이라는 말조차 꺼내기 어렵게 되었다.

희망은 있으면 좋은 게 아니라, 반드시 있어야 한다

　나는 많은 자문자답 끝에 '우리 농업에 희망이 있느냐 없느냐?' 하는 고민은 별 의미가 없다는 결론에 도달했다. 왜냐하면, 사람은 누구나, 어떤 경우에도 희망을 가지고 살아야 하기 때문이다. 지금은 어렵다고 하더라도 앞으로는 나아질 것이라는 믿음, 희망을 가지고 살 수 있어야 하기 때문이다. 이 믿음조차 없다면 살아 있어도 사는 것이라 할 수 없기 때문이다.

　중세 시인 단테는 "지옥은 희망이 끊어진 곳"이라 했다. 희망이 없는 삶은 지옥과 다를 바 없다는 얘기다! 유능하고 성실한 몇 만 명의 '엘리트' 농민에게만 희망이 필요한 게 아니라, 100만의 보통 농가에게도 희망은 필요하다. 아니, 희망은 그들에게 더 절실하다. 희망은 있으면 더 좋은 장식품이 아니라, 우리 농민 모두에게 반드시 있어야 하는 필수품인 것이다!

2 역대 정부의 희망찾기 노력

어느 시대 어느 정부도 농가 소득을 높이고, 농촌을 살기 좋은 곳으로 만들기 위해 나름대로 노력해 왔다. 그렇지만 그 누적된 결과는 지금의 '암울한 농업', 양극화된 농업이다. 어느 정부도 희망을 찾는 데 실패한 것이다.

'거기서 거기인' 역대 정부 농업정책

80년대 말 시장 개방이 시작된 이후, 정부는 적극적인 개방대응책을 강구했다. 영세하고 낙후된 우리 농업을 규모화하고, 현대화하기 위해 보조금을 주면서까지 영농조합법인을 만들게 하고, 시설현대화를 지원했다. 품질 좋은 농산물을 생산하기 위해 농업연구개발과 교육 예산을 확대했다.

노무현 정부의
농업농촌종합대책 9대과제

2004년부터 10년간 중점 추진해 나갈 계획으로 세웠던 노무현정부의 농업농촌종합대책 9대 과제는 다음과 같다.

첫째, 6ha 수준의 쌀 전업농 7만호 등 우리 농업의 중추세력으로 전업농을 육성한다. 이를 위해 경영이양직불금을 확대 지급하고, 교육, 의료 등 복지지원을 확대한다. 농지규제를 완화하고, 농지은행제도를 도입하여 농지유동화를 촉진해 나간다. 이외에 축산전업농 2만호, 과수전업농 11만호를 육성해 나간다.
둘째, 35세 미만의 젊고 유능한 창업농을 매년 1천 명씩 선발, 집중 지원하여 미래 농업을 선도케 하고, 주산지별 지역농업클러스터를 활성화한다.
셋째, 농가소득 안정을 위해 직접지불제도와 농작물재해보험제도를 대폭 확충해 나간다. 농업예산 중 직접지불 예산을 2003년 9.4%에서 2013년까

유통구조를 개선하기 위해 농안법을 개정하고, 지역 곳곳에 현대화된 농산물유통센터(APC)와 도매시장을 건설했다. 농외소득을 증대시킨다고 농공단지를 조성하고, 농촌관광단지를 개발하기도 했다. '돌아오는 농촌, 살기 좋은 농촌'을 건설하기 위해 생활환경을 개선하고, 주민복지지원책이 강구되기도 했다.

2003년 11월에 발표된 노무현정부의 종합대책의 주된 내용도 그

지 23%로 늘리고, 친환경 축산직불제, 조건불리지역 직불제 등 다양한 직불제를 확충해 나간다.

넷째, 우수농산물관리제도(GAP)와 축산물의 위해요소 중점관리제도(HACCP)를 확대 도입하여 안전한 먹거리를 생산·공급한다.

다섯째, 친환경농업의 확산으로 안전한 농산물을 생산하고, 국토환경도 보전한다. 농약과 화학비료 사용량을 2013년까지 현재보다 40%를 감축하고, 친환경 인증제도를 정비하여 현재 3% 수준인 친환경 농산물 비중을 10%까지 확대한다.

여섯째, 신기술 과학 영농으로 농업도 성장산업이 될 수 있는 기반을 닦아 나간다. 신품종 육성 등 새로운 기술의 개발과 보급을 강화하고, 무균 복제돼지의 연구 등 첨단생명공학을 발전시켜 나간다.

일곱째, 수출전문생산단지의 정예화 등으로 농산물 수출 연 50억불을 달성한다.

여덟째, 연금보험료 지원비율을 연차적으로 높이고, 건강보험료 경감률도 확대하는 등 농촌 복지인프라를 대폭 확충해 나간다.

아홉째, 2013년까지 3~5개 마을 권역 당 70억 원을 투입하여 특성 있는 '농촌마을종합개발'사업 1천 개소를 추진한다. 또한, 1社1村 운동 등을 통해 다양한 농촌관광 수요를 농가소득으로 연결해 나가고, 사람과 자본이 농촌에 모일 수 있도록 세제 등 제도개선도 추진한다.

간의 정부 정책과 크게 다르지 않다. 한 곳에 70억 원을 투입하는 '농촌마을종합개발사업' 이외에는 사업과 예산규모만 다를 뿐 내용은 그게 그것이다.

"57조, 45조, 119조—돈을 쏟아 붓다?"

농민들이 인정하지도 믿지도 않는 숫자이지만, 역대 정부가 농

업·농촌에 투입하겠다고 공언한 돈의 액수는 적지 않다. 노태우 정부는 1990년 농어촌발전특별조치법을 제정하고, 1992년부터 10년간 42조원을 투자한다는 '42조원투융자계획'을 발표했다. 1993년 김영

삼 정부는 이를 3년 앞당겨 집행하는 '신농정계획'으로 수정했다. 연간 4.2조원 투자에서 6조원으로 늘렸다는 얘기다. 1993년 말 UR협상이 타결되면서 농어촌발전세가 신설되고, 2004년까지 10년간 15조원을 추가로 투자하는 계획을 발표하기도 했다. 연간 1.5조원이 추가된 것이다. 김대중 정부는 이를 조정해 1998년부터 2002년까지 5년 동안 45조원을 투입한다는 '농업농촌투자계획'을 발표하기도 했다.

2003년 노무현 정부는 큰 맘 먹고 '119조원투융자계획'을 수립했다. 정부안을 마련하기 위해 학계는 물론 한농연 등 농민단체 대표와 수많은 사전 협의를 하기도 했다. 9개 분야 180개 과제를 시장·군수설명회, 농대학장 설명회, 조합장 설명회, 지역토론회를 거쳐 확정했던 것이다. 이처럼 역대정부가 내놓은 농업투융자금액 57조원, 45조원, 119조원을 단순 합계하면 220조원이 넘는다. 자부담도 포함되어 있고, 융자금도 포함되어 있지만, 개방 이후 농업분야에 투자된 돈은 엄청나다고 해야 할 것이다.

농림부 장관에 재야 학자·농민단체장 발탁

역대 정부가 농민에게 희망을 주기 위해 돈만 투입한 게 아니다. 재야에서 농민운동을 지원했던 학자를 농림부 장관으로 발탁하기도 했다. 농민단체장 출신을 장관으로, 국회의원으로 발탁하기도 했다. 대통령 직속으로 농업·농촌발전특별위원회를 설치하고, 위원장으로 농민운동가와 농민운동을 했던 학자를 임명하기도 했다. 이 분들은 농정에 농민의 뜻과 농촌 현실을 반영하기 위해 나름대로 최선을 다했다. 주말 마다 농촌 현장을 찾아가서 농민들의 애로사항을 듣기도 하고, 농민지도자를 일일장관으로 모시기도 했다. 중요 정책을 수립할 때 마다 농민지도자들의 의견을 '충분히' 듣기도 했다. 그래도 부족하여 개인과 농민단체를 대상으로 현상금을 걸고 '우리 농업 희망찾기'를 하기도 했다. 역대 정부의 이런 노력에도 불구하고 우리 농업·농촌 현실은 나아지기는커녕 갈수록 어두워지고 있다!

"농업을 2,3차 산업화하여 돈 버는 농업으로 만들겠다"

돈만 쏟아 붓고 성과가 나지 않은 농업·농정에 대해 이명박 정부는 기업적인 경영기법을 도입하고, 기업적인 마인드를 가진 사람을 중용하려고 했다. 가공, 유통, 농촌관광 등 2, 3차 산업을 1차 산업인 농업에 접목하여 6차 산업으로 고도화하겠다는 것이다. 농업경영 및 농산물유통 경험이 있는 사람을 장관으로 앉히기도 했다. 식품산업 업무를 농림수산식품부로 이관하여 농산물의 부가가치를 높이겠다고 했다. "딸기를 팔 게 아니라, 딸기주스를 만들어 팔아야 한다"는 것을 강조했다.

농산물 유통을 혁신하기 위해 시군별로 대형유통회사를 만들고, 일반기업의 퇴직 임원으로 하여금 경영을 맡도록 했다. 농산업기업에 간척지를 싸게 임대하여 대규모 농업회사를 만들어 생산과 수출의 기지로 만들겠다고 했다. 농어촌뉴타운을 조성해 도시에 거주하던 농업인의 자녀들이 귀농하기 쉽도록 하겠다고 했다. 한식을 세계화하여 우리 농산물 수요를 높이겠다고 했다.

그러나 4년이 지난 지금 이명박 정부의 농정이 성과를 내고 있다는 징조는 어디에서도 찾을 수 없다. 식품산업이 농수산식품부에 온다 해서 농가 소득이 늘어나는 것은 아니었다. 가장 야심적으로 시작했던 시군유통회사는 농협의 시군연합판매사업단과 충돌하고 있다. 농업과 농민을 충분히 이해하지 못한 기업 임원들은 특별한 성과를 올릴 수 없었다. 대규모 농업회사가 생산과 수출의 거점이 될지, 단순히 대규모 농지를 특혜 분양 또는 임대한 것이 될지 알 수 없다. 한식의 세계화는 언제쯤 농가 소득을 높이게 될지 짐작하기조차 어렵다. 빈번해진 가축 질병과 이상기후, 농산물 가격하락으로 농업소득은 오히려 줄어들고 있다.

잘 나가는 억대 농부와 대책 없는 보통 농민

'돈 버는 농업'을 만드는데 자신이 없어진 정부는 '성공한 농업인'을 육성하는데 정책의 초점을 맞추고 있다. 지자체마다 '억대농부' 몇 명을 육성하겠다는 목표를 세우고 있다. 강소농이니, 농업명인이니 하는 소수정예주의 농정을 강화해 나가고 있다. 2015년까지 창의적이고 의욕적인 농민 1만 명을 작지만 강한 농업, '강소농' 모델이 되게 하겠다고 한다. 주변 농가로 하여금 강소농을 벤치마킹하도록 하여 이후 10만의 강소농이 육성되도록 하겠다고 한다. 그것이 개방에 대응하는 길이라 주장하고 있다.

  그러나 100만의 보통 농가에 대해서는 이렇다 할 비전도 정책도 제시하지 못하고 있다. 기껏 '복지를 강화하겠다'는 말만 되풀이하고 있다. 다른 분야에서는 양극화를 줄이고, 동반성장과 공생을 향해 나가자고 야단인데, 농업분야는 거꾸로 가고 있는 것이다. 잘나가는 '억대 농부'와 갈수록 힘든 보통 농민 간에 간격은 멀어질 수밖에 없다. 농촌은 파편화될 수밖에 없다. 인정이 메말라 갈 수밖에 없다. 농민들의 협동을 전제로 하는 수많은 정책들이 제대로 될 리가 없다.

  한·칠레FTA때는 10만이 넘는 농민들이 참여해, 밤을 새며 데모를 하기도 했다. 지금은 세계 최고의 농업선진국인 미국, EU와 FTA를 체결한다 해도 데모다운 데모 한 번 하지 않고 지나가고 있다. 농민들이 데모다운 데모 한 번 하지 않고 지나가는 것을 정부와 여당이 좋아만 할 일은 아니다. 잘나가는 농가야 농사짓기에 여념이 없어서 그런다 치더라도 100만이 넘는 농가가 데모할 의욕조차 없어 데모를 하지 않는다면, 결코 좋아할 일이 아니다. 이들의 영농의욕을 불러내지 않고는 우리 농업의 희망을 얘기할 수 없기 때문이다. 이들의 영농의욕을 불러내는 농업·농정은 누가, 어떻게 해야 가능한 것일까? 불가능한 얘기니 아예 포기할 수밖에 없는 것일까?

3 희망찾기, 왜 실패했나

어쩌면 농업과 농민을 진짜 사랑했던 고 노무현 대통령. 노 대통령은 임기 말쯤 농림부의 '국민과 함께하는 업무보고'에서 "현재 농업의 부가가치가 21조~22조원인데 5년 전부터 거의 변동이 없고, GNP(국민총생산) 대비로는 2.9%까지 내려왔다"면서 "농업이 아무리 소중하고 농민이 어렵다고 해도 정부가 16조원을 들였는데 농업 GDP(국내총생산)가 22조원이 나오면 문제가 있다"고 말했다. 특히 노 대통령은 "식량안보·환경보호 그런 정책을 다 생각해도 논(우리 농업)을 유지할 수 있는 방법을 못 찾아 고민"이라는 말도 덧붙였다. '농정은 더 이상 어떻게 할 수 없다. 문제는 농업 그 자체다'라는 인식이 깔려 있는 것이다. '농업과 농민을 진짜 사랑했던' 대통령이 왜 이런 결론을 내리게 된 것일까? 우리 농업은 아무리 잘해도 경쟁력을 높일 수 없는 것일까?

1. 농정을 주도하는 그룹, 글로벌경쟁의 특성과 대응방식을 모른다

우리 농정은 정부가 주도하고, 소위 전문가들이 이론적인 뒷받침을 하고 있는 구조다. 그들의 필요에 따라 농민단체의 대표들이 거기에 '참여'하고 있다. 이 구조의 가장 큰 약점은 시장의 치열함, 시장의 냉혹함을 체감할 수 없는 사람들이 농정을 주도하고 있다는 점이다. 그들은 시대의 변화에 둔감할 수밖에 없는 사람들이다. 올바른 대응이 될 수 없는 구조다.

운영능력 도외시, 빚만 키운 시설현대화사업

사실, 1989년 이전 '국제수지를 이유로 수입제한'을 할 수 있었던 때는 우리 농민끼리 경쟁하던 시대였다. 그러나 1995년 WTO체제의 출범에 따라 관세만 물면 세계의 어떤 농민이든, 조합이든, 기업이든 우리나라에 농산물을 판매할 수 있게 됐다. 그들은 영농규모도 클 뿐만 아니라, 영농기술, 수확 후 관리기술, 물류시스템, 마케팅 역량 등 농업시스템 전반에서 압도적인 우위를 지니고 있다. 개방 초기에는 높은 관세와 원거리 수송에 따른 부담, 우리 소비자들의 '거부감' 때문에 수입농산물이 크게 힘을 쓰지 못했다. 그러나 시간이 지나면서 관세는 낮아지고, 우리 소비자들도 수입산 여부에 무덤덤해지면서 수입농산물은 점점 위력을 발휘하고 있다.

개방에 대응하여 우리 농정은 농업의 경쟁력을 높이는데 예산과 행정역량을 집중했다. 생산기반을 정비하고, 농가의 영농규모를 키우고, 품질을 고급화하고, 생산시설과 유통시설을 현대화하는 데 온 힘을 기울였다. 그러나 영농규모는 아무리 키워도 한계가 있고, 개발된 영농기술과 신품종은 우리 농업의 한계를 극복하는 기폭제 역할을 하지 못했다. 현대화된 대형시설은 제대로 운영되지 않았다. 시설은 녹슬어가기 일쑤고, 몇 %되지도 않는 자부담은 빚으로 남고, 적자는 쌓여갔다.

눈에 보이는 시설도 중요하지만, 그보다 더 중요한 것은 눈에 보이지 않는 운영능력이란 것을 간과한 것이다. 시설에는 눈 하나 깜짝 않고 몇 백억 원을 투자하면서도 운영요원을 키우고 지원하는 사업은 외면했다. 시설만 있으면 저절로 돌아간다는 생각을 하고 있는 것이다. 기업이라는 운영조직이 있고 기업주라는 주인이 있는 다른 산업분야와, 조직도 주인도 없는 농업분야의 차이를 제대로 몰랐던 것이다.

한편, 정비된 생산기반과 현대화된 시설에서 생산량이 늘어나고, 외국농산물의 수입량도 늘어나 가격은 계속 하락하고 있다. 농가와 지역조합과 각 지방자치단체는 서로 살겠답시고 우리 농가끼리, 우리 지역조합끼리, 우리 지자체끼리 제살 깎아 먹기 경쟁을 하고 있다. 정부는 잘하는 농민, 잘하는 조합, 잘하는 지자체를 선발해 집중 지원하겠다며 경쟁을 부추긴다. 우리 농민끼리 무한경쟁을 하면서 대형유통업체에 납품을 하고, 해외 수출을 하고 있다. 모두들 납품액과 수출액의 크기로 실적 자랑을 하고 있다. 수익이 났는지 적자가 났는지에 대해서는 따지는 사람이 없다. 납품을 하다가, 수출을 하다가 경영난에 봉착한 사업체가 한 둘이 아니다. 수입농산물과의 경쟁 이전에 우리 농가끼리의 경쟁에서 회복할 수 없는 내상을 입고 있다. 아무리 자부담률을 낮추고, 이자율을 낮춰 지원해도 빚을 갚을 수가 없는 것이다. 그래도 문제가 무엇인지, 대안이 무엇인지에 대한 고민이 없다. 사업의 실패는 사업가가 잘못했기 때문이라는 생각 밖에 하지 못하고 있다.

농가간 경쟁이 아니라 국가별 '농업시스템'간 경쟁이다

한·칠레FTA보다 몇 배 강력한 한·미FTA, 한·유럽연합(EU)FTA를 체결하면서도 농림수산예산은 겨우 2~3% 남짓 늘리고 있다. 국가 전체예산 증가율의 절반도 안 되는 수준이다. 우리 농업과 분명하게 연계도 시키지 않은 채 식품 얘기만 하고 있다. 한식 세계화를 얘기하고 있다. 현실의 농업·농민 문제는 놔둔 채 대규모 농업회사니, 식물공장이니, 도시농업 같은 얘기를 하고 있다. 이미 잘나가고 있는 소수 농가들을 선발하여 집중 지원을 하고 있다. 이들의 성공이 우리 농업의 성공인양 홍보하고 있다. 면단위, 시군단위로 이름뿐인 지역브랜드 육성에 매달리고 있다. 글로벌경쟁시장의 특성과 대응방식을 모르고 있는 것이다. 수입농산물과 국내산 농산물 간의 경쟁이 농가와 농가 간의 경쟁이 아니라, 국가별 '농업시스템' 간의 경쟁이라는 것을 모르고 있다. 그렇게 하더라도 그들이 먹고 사는 데는 아무런 문제가 없기 때문인지 모른다. 양심에 가책을 느낄 이유도 없다. 그들 나름대로 '최선을 다하고 있다'고 생각하기 때문이다.

2 농업 문제의 진정한 주인인 농민들의 각성이 없다

농업이 잘못되면 손해 보는 사람은 농민이다. 공무원, 농협 임직원 등은 농업이 잘되든 잘못되든 별로 영향을 받지 않는다. 그런데도 지금까지 농업문제는 '월급쟁이'들이 주도하고, 농민들은 그들에게 요구하고 매달리고 불평, 불만하는데 그치고 있다.

농업 문제의 진정한 주인이 농민이라는 사실을 깨닫지 못하고 있는 것이다. 주인의 관심과 감독 없이 살림살이가 제대로 안 된다는 것은 사람 사는 세상의 진리인데도 말이다.

주인이 관심이 없는데 살림살이가 나아질 턱이 없다

우리 농민끼리 경쟁하던 시대, 농업예산이 몇 푼 되지 않던 시대에는 주인들의 역할이 없어도 큰 문제가 없었다. 그러나 지금은 아니다. 지금은 글로벌 경쟁시대다. 영세한 우리 농업이 살 수 있는

정부와 농민단체가 함께
이끌어가는 프랑스농정

프랑스법률은 국회든 정부든 지방자치단체든 중요한 농업정책을 결정할 때는 농업계 대의기구인 농업회의소의 의견을 듣도록 규정하고 있다. 농업회의소는 농업계 전체가 참여하는 대의기구이지만, 농민 대표가 68%를 차지하고 있어서 '실질적인 농민대의기구'라 할 수 있다. 정부가 제안하는 농업정책은 중앙농업회의소로 보내지고, 다시 전국의 지역농업회의소로 보내져서 현장 사정에 맞는지를 검토하고, 대안을 제시한다. 거꾸로 농업회의소가 지역의 여론을 수렴해 정책을 제안하기도 한다.

농업회의소의 검토를 거친 정책은 실무협의를 거쳐 최종적으로 '프랑스농업위원회'에 넘겨진다. '위원회'는 농업장관과 농업회의소의장, 프랑스농업경영자총연맹회장(FNSEA) 및 청년회장, 농협중앙회장으로 구성되어 있다. 장관과 농민대표가 협의하여 정책을 결정하는 것이다. 대부분의 정책

길은 선진국보다 훨씬 더 효율적인 농업·농정시스템을 갖추는데 있다.

　농업계가 가지고 있는 사람과 돈이 제대로 쓰이도록 만들어야 한다. 18조원이나 되는 예산이 제대로 쓰이도록 만들어야 한다. 정책의 방향이 맞는지, 현지 실정에 맞게 조정되고 있는지, 정책대상자는 올바르게 선정되고 있는지 꼼꼼히 살펴야 한다. 농업분야 협상은 제대로 하고 있는지, 농협·공사 등 농업관련 기관·단체들은 제 역할을

은 이 협의과정에서 결정되지만, 의견이 갈릴 경우, 농민들은 대규모 실력 행사로 맞선다. 위원회의 심의를 거쳐 결정된 많은 정책은 농업회의소를 통해 집행되기도 한다. 프랑스농정은 정책의 입안에서부터 집행까지 정부와 농민이 함께하고 있다. 프랑스의 농정은 '탁상농정'이 될 수 없다. '정부 돈은 먼저 본 사람이 임자'라는 말도 있을 수 없다. '(성과도 없는)농업에 돈을 쏟아 붓고 있다'는 국민적인 비난도 있을 수 없다.

프랑스 중앙정부와 지방정부의 농정조직을 제외한 나머지 농업관련 기관·단체는 농민들이 주도할 수 있는 체제로 되어 있다. 농정에서 가장 중요한 역할을 하는 농업회의소의 경우, 농업계 전체가 참여하지만, 농민대표가 주축을 이루고 있다. 대의원총회의 구성에서 농민대표가 주축을 이루고, 이사회와 집행임원들 대부분이 농민대표인 것이다. 이사회는 실무 총책임자를 임명하고, 예산을 편성한다. 농협, 농업사회보장공제 등 다른 농업관련 직능조직도 마찬가지다. 농업구조개선협회(ADASEA) 등 농업관련 공익조직도 농민대표가 주도하고 있다. 농업 문제의 당사자이며, 농업 현장을 가장 잘 알고 있는 농민들이 주인역할을 하고 있는 것이다. 모든 농업, 농정문제는 농민 중심으로 풀어갈 수밖에 없다. 관련 기관·단체들은 명실상부하게 농업과 농민을 위한 조직이 될 수밖에 없다.

하고 있는지 따져봐야 한다. 이런 모든 사항을 주인의 관점에서 따지고 바로잡아줄 수 있어야 한다. '월급쟁이'들이 움직이지 않으면, 진정한 주인인 농민이 움직여야 한다.

대표성·전문성·책임성을 갖춘 조직이 필요하다

농업계 주인으로서 역할을 제대로 하려면, 농민들은 대표성·전문성·책임성을 갖춘 조직을 만들어야 한다. 막강한 정부와 지방자치단체와 비슷한 수준의 정치적인 힘과 전문성을 가진 조직을 만들어야 한다. 그렇지만 우리 농민들은 뿔뿔이 흩어져 있다. 이런저런 농민단체가 30개도 넘는다. 단체의 대표자를 뒷받침해 줄 전문요원도, 재원도 없이 단체를 꾸려가고 있다. 정책회의에 참석하는 농민단체 대표는 대안 마련을 위한 깊은 고민도 없이, 회원들의 의견 수렴도 없이 자기의 생각과 판단을 얘기하고 있다. 받아주면 좋고, 안 받아주면 '얘기한 것으로 할 일을 다 했다'고 생각하고 있다. 농민단체마다 지도자마다 다른 얘기를 한다. 어느 단체의 얘기가 '농민의 뜻'인지 알 수 없다. 정부 마음대로 골라잡아도 할 말이 없는 상황이다.

주인으로서 역할을 다하기 위해서는 정책당국과 대등한 논의를 할 수 있는 '힘 있는' 농민대의기구를 만들어야 한다. 그러나 '힘 있는' 농민대의기구를 만들기 위해 어떻게 할 것인지에 대해 깊이 고민하고 행동하는 농민지도자가 아직도 나타나지 않고 있다. 품목과 지역과 이념은 달라도 우리 농업·농민을 위하는 일에는 하나가 되어야 한다는 대의명분을 들고 나오는 농민지도자가 나와야 한다.

3 농협은 변하지 않았고, 밖에서 변화시키지도 못했다

농협은 우리 농업계의 인재와 가용 재원이 다 모여 있는 곳이다.

'10만 명의 임직원'과 세계 100대 은행에 속하는 금융사업체, 그리고 전국 곳곳에 수많은 사업장이 있다. 뿐만 아니라, 농협은 정치적으로도 정말 대단한 힘을 가진 조직이다. 농협이 조금만 생각을 바꾸면, 정책 개발이든 판매사업이든 농민들이 필요로 하는 일을 다 할 수 있다. 조금만 사업을 잘하면, 수조 원의 돈을 더 벌 수 있다. 그 수익의 10%만으로도 정부 예산으로 할 수 없는 많은 일을 할 수 있다. 특히, 전문성과 결속력으로 무장한 탄탄한 농민조직을 가질 수도 있다. 농협이 농업 문제를 제대로 인식하고 대응했더라면, 지금의 우리 농업은 완전히 달라져 있을 것이다.

세상이 바뀌었는데도, 농협은 60년대 개발경제시대에 행정기관과 보조를 맞추던 지역농협의 구조와 행태에서 벗어나지 못하고 있다. 우리 농산물이 외국의 강력한 농산물판매회사 및 조합들의 공세로 한없이 위축되고 있어도, 개방에 따른 불가피한 현상이라며 나 몰라라 방치하고 있다. 우리 농민들이 대형유통업체들의 횡포에 휘둘리고 있어도, 우리 농민끼리 피나는 경쟁을 하고 있어도, 우리 수출업체끼리 제살 깎아먹기 경쟁을 하고 있어도 시장원리에 따른 불가피한 현상이라며 방치하고 있다. 아무리 중대한 농업·농민 문제가 발생해도 그것은 정부가 해결해야할 과제라며, 건의서 한 장 제출하는 것으로 끝내고 있다.

지역조합은 그냥 신용사업이나 잘해서 1000여 명 조합원에게 겨우 수천만 원 내지 수억 원의 '실익'을 돌려주는 것으로 역할을 다하고 있다고 생각하고 있다. 중앙회에서 조 단위 수익이 나도 조합원들에게 따로 돌아오는 것은 아무 것도 없다. 출자 배당이나 무이자자금으로 일선조합의 운영에 도움을 줄 뿐이다.

농업·농민의 어려움과 상관없는 임직원들만의 농협

이렇게 농협은 농업과 농민의 어려움과는 상관없는 조직이 되어 있다. 농민의 조직이라면서 정부로부터 간섭도 받지 않고, 그렇다고 농민의 지배도 받지 않는 임직원들의 멋진 직장이 되어 있다. 정권이 바뀔 때마다 대통령까지 나서서 '농협 개혁'을 했지만, 언제나 변죽만 울리다가 그냥 끝났다. 현상을 유지하려는 세력에 비해 개혁을 원하는 세력이 너무 약했기 때문이다. 정치적인 영향력뿐만 아니라, 논리와 대안을 제시하는 역량에서도 너무 약했기 때문이다.

이명박 정부에서도 농협법을 두 번이나 '개혁'했다. 첫 번에는 지배구조를 '개혁'했다. 대표이사추천인사위원회를 만들고 어쩌고 했지만, 실질적으로 달라진 것은 아무 것도 없다. 인사추천위원을 중앙회장이 정하는 한, 추천위원회가 아무 의미가 없다는 것을 알고 했는지 모르고 했는지, 비상임이라 해서 권력이 하나도 줄어드는 것이 아니라는 것을 알고 했는지 모르고 했는지 궁금하다.

농업계의 해묵은 과제인 신경분리를 했으므로 '농협개혁이 완성되었다'고 생각하는 사람들이 많다. 이것 역시 농협이 '임직원의 농협'으로 남아 있는 한 아무 것도 달라지지 않는다는 사실을 모르고 있다. 조직이 두 개로 나눠짐에 따라 같은 일을 하면서도 임원 숫자는 이미 두 배로 늘어났다. 농협 직원도 농민도 분리된 금융지주가 농민에서 멀어지고 있다고 생각하는 이유가 여기에 있다.

농협은 온전히 농민의 것이 되어야 하는 조직이다

또 하나의 개혁 과제인 농산물 판매사업도 제대로 안되기는 마찬가지다. 분리된 경제사업지주에 자본금만 충분히 지원되면, 농민들의 농산물 판매 문제가 해결될 것이라고들 주장하고 있다. 그러나 아무리 많은 돈을 들여 현대화된 사업장을 지어도 농민들이 자발적으로 출하를 하고, 임직원들이 상인들보다 사업을 더 잘하지 않으면 아무 소용이 없다는 것을 아직도 모르고 있다. 정부 지원금은 경제사업장 임직원의 높은 연봉을 뒷받침하는 재원이 될 뿐이라는 비판도 아랑곳하지 않는 것 같다.

'농협개혁'이 실패하는 근본 원인은 농협의 주인인 농민들이 농협개혁의 진정한 의미를 모르고 있기 때문이다. 농협은 법적으로나 이념적으로나 농민들의 것이라는 사실을 아직 농민들이 명확하게 인식하지 못하고 있다. 농협에 있는 그 많은 인재와 돈이 진정 농업과 농민을 위해 쓰인다면, 우리 농업·농민에게 얼마나 큰 '실익'이 돌아갈 수 있는지 가늠하지 못하고 있다. 농협은 타도의 대상이 아니라, 온전히 농민의 것이 되어야 하는 조직이다. 기껏해야 조합장의 연봉을 1~2천만원 깎고, 조합원을 위한 환원 사업비를 몇 천만 원 늘리는 정도로 끝낼 일이 아니다.

 진정한 농협개혁을 완성해야 할 시간이 그렇게 많지 않다. 농산물 시장의 완전 개방이 멀지 않았기 때문이다. 어떤 상태가 되어야 '농협 개혁이 완성되었다'고 할 수 있을까? 어떤 상태가 되어야 농민들이 진짜 '우리 농협'이라 할 수 있을까? 누가 그런 상태를 만들 수 있을까? 이런 질문에 답을 하고, 실천해야 한다!

4 관과 민, 조직과 개인 사이 힘의 불균형이 너무 크다

 우리 농업계에는 크고 작은 농정토론회가 유난히 많다. 정부가 주관하든, 학회가 주관하든, 연구기관이 주도하든, 농민단체가 주도하든, 민간연구소와 컨설팅회사가 주관하든 일주일에 두세 번의 농정토론회가 열리고 있다. 서울에서만 있는 게 아니다. 지방에서도 이런저런 농정토론회가 열린다. 선거철이 다가오면 토론회는 더 많아지고, 규모는 더 커진다.

 그러나 제안된 그 많은 정책 대안 중 채택이 되고, 실현이 되었다는 얘기는 거의 들어본 적이 없다. 민간에서 아무리 떠들어도 한 번 정해진 정부의 정책 기조는 거의 바뀌지 않는다. 민간의 대안이 합리성이 없는 건지, 정부안과 차별성이 없는 건지, 정부가 오만한 건지 알 수 없다. 그 이전에 민간에서 자유롭게 의견을 내놓을 수 있는지도 의심스럽다. 왜냐하면, 토론회 개최비용을 정부와 산하기관, 그리고 농협으로부터 지원 받아 조달하는 경우가 대부분이기 때문이다. 따라서 토론회에서 제기되는 문제와 대안도 정부 정책을 심하게 비판하거나, 정부 정책과 아주 다른 혁신적인 내용이 되기 어려운 구조다. 농업계의 지혜가 모아질 수 없는 구조인 셈이다. 그 많은 토론에도 불구하고 우리 농정이 큰 변화 없이 그야말로 '일관성'을 유지하고 있는 이유다!

"대한민국은 관료의 나라" 집행권을 가진 행정기관의 독주

이처럼 우리 농정체제는 잘못된 정책을 바로 잡아주는 기능이 약하다. 정책의 수립단계에서나 집행단계에서 소위 전문가도 참여하고, 관련 이익단체도 참여하고, 언론과 의회가 견제하기도 한다. 그렇지만 그 견제가 효과를 발휘하지 못하고 있다. 집행당국이 가지고 있는 인력과 정보와 권한이 참여그룹을 압도하고 있기 때문이다. 안타깝게도 정책의 집행단계에서 견제기능은 더욱 미약하다. 집행은 논리의 문제가 아니라, 자격을 갖추었느냐 못 갖추었느냐 하는 사실판단의 문제가 중요하기 때문이다.

사실 관계를 정확히 모르는 사람은 뭐라 말하기가 어렵다. 우리나라의 정책 집행 현장에는 자격기준과 사실관계를 잘 아는 기관·단체, 또는 개인이 거의 없다. 집행권을 가진 행정기관이 거의 독점·

독주하고 있다. 아무도 그 막강한 행정에 맞설 수 없다. 그렇지만 그 결과는 농민과 국민에게 귀속된다.

객관적인 심사를 위해 외부인으로 위원회를 구성하더라도 담당관은 자기가 원하는 방향으로 결론을 유도하는 것이 크게 어렵지 않다. 자기 구미에 맞는 사람을 위원으로 선발하고, 심사기준도 담당관이 만드는 경우가 대부분이다. 위원들은 정책의 내용과 심사 대상을 다 알지도 못한다. 주어진 자료를 바탕으로 얘기할 수밖에 없다. 말이 많으면 다음 번에는 위원회에 끼지도 못한다. 그래서 윗분이 봐주라고 하는 사람, 담당관이 봐주고 싶은 사람이 십중팔구 선정되는 것이다. 정부와 지자체의 그 많은 위원회가 제 역할을 못하는 이유가 여기에 있다. "대한민국은 관료의 나라"라고 한 이유도 여기에 있다.

농민을 위해 봉사하는 조직으로 만들어야 한다

우리 정부, 우리 지방자치단체, 우리 농협 등 거대조직의 힘은 조직의 크기만큼이나 크다. 명색이 그들 조직의 주인이라고 하는 국민 개인과 조합원 농민의 힘은 그 앞에 왜소하기 짝이 없다. 그들이 국민 개인과 조합원 농민 위에 군림할 수밖에 없는 구조를 이루고 있다. '농업과 농민을 위한 조직'이라는 그들이 농민 위에 군림하지 않고 진정으로 봉사하는 조직이 되게 하려면 어떻게 해야 할까? 그들이 자기 조직의 이익이 아니라, 우리 농업과 농민의 이익을 위해 최선을 다하게 하려면 어떻게 해야 할까? 이런 문제를 풀어야 한다.

세상을 보는 눈을 달리하고, 생각의 틀을 달리하지 않고는 결코 우리 농업에 희망을 얘기할 수 없다. 몇 만 명의 강소농은 나름대로 살아가겠지만, 100만의 보통 농민들은 대책이 없다. 우리 농업에 희망을 얘기하려면 이래서는 안된다. 너무나 당연하다고 생각했던 것, 불가능하다며 시도할 생각조차 하지 않았던 것까지 뒤집어 생각하면서 희망의 실마리를 다시 찾아보아야 한다.

제2장

우리 농업 가능성의 재발견

1 영농규모와 생산비가 경쟁력의 전부는 아니다

'국토는 좁고 인구는 많아 우리 농업은 경쟁력이 없다'

참으로 많이 들어온 얘기다. 좁은 국토에 많은 사람들이 농사를 지으니 농가별 영농규모가 작다. 기계화에 의한 대량 생산이 안 되니 생산비가 높다. 그래서 경쟁력이 없다는 것이다. 내가 생산하고 있는 농산물이 시장 개방으로 점점 위축되어 마지막에 가서는 과거의 목화처럼 사라지거나, 밀이나 보리처럼 위축된다면, 우리 농업은 절망적이라 할 수밖에 없다.

나는 우리 농업전문가들이 경쟁력을 얘기할 때 마다 농가별 경지규모를 내세우는 것이 불만이었다. 영농규모가 경쟁력을 좌우하는 결정적인 요인이라면, 우리 농업은 희망이 없다고 할 수밖에 없기 때문이다. 농가평균 경지면적이 우리는 기껏해야 1.5ha인데, 유럽은

20~50ha이고, 미국은 200ha에 달한다. 이 논리대로라면 우리 농업은 영원히 경쟁력을 가질 수 없다. 영농규모를 10배로 키우려면, 농가를 10분의1로 줄여야 되는데, 그래도 경쟁이 안 되는 건 마찬가지다.

'경쟁력이 있다, 없다'는 소매매장의 매대 위에서 결정된다

그동안 우리 농업·농정은 지나치게 영농규모와 생산비에 매몰돼 있었다. 생산 이후의 관리와 마케팅은 농정당국자와 농업전문가들의 주된 관심사가 아니었던 것이다. 그렇지만 모든 상품은 소매매장의 매대 위에서 소비자가 선택을 하느냐, 하지 않느냐에 따라 승부가 갈린다. 아무리 열심히 농사를 짓더라도 영농기술과 종자와 시설이 좋지 않으면, 품질 좋은 농산물을 생산할 수 없다. 아무리 값이 싸도 소비자가 뭔가 미심쩍어하며 외면하면 그만이다. 농장에서 싸게 팔았더라도 유통단계가 불합리해 소매가격이 비싸면 소용이 없다. 아무리 신선한 농산물을 출하했더라도 소매단계에서 신선도가 떨어지면 제 값을 받을 수 없다. 아무리 정성을 들여 품질 좋은 농산물을 생산했더라도 소비자가 몰라주면 그만인 것이다.

이처럼 농산물이 농장에서 생산되어 소매매장의 매대 위에 오기까지의 모든 과정이 경쟁력에 막대한 영향을 준다! 생산 이전의 연구개발과 농민에 대한 교육과정이 영향을 준다. 생산시설과 유통단계, 유통시설이 영향을 준다. 이들 시설의 운영능력과 소비자의 마음을 움직이게 하는 마케팅이 영향을 준다. 영농규모가 작더라도 나머지 다른 부분에서 잘하면, 전체적인 경쟁력은 크게 높아질 수 있다는 얘기다. WTO가 '체급제한이 없는 경쟁'을 하자고 하지만, 대신에 얼마나 많은 사람들이 편을 짜서 경쟁에 뛰어들든 제한하지 않고 있다. 개인전이 불리하면 단체전으로 게임의 틀을 바꾸면 된다. 따라서 '국토가 좁아 우리 농업은 경쟁력이 없다'는 식으로 말하는 사람은 하나는 알고 둘은 모르는 사람이다. 경쟁의 틀을 바꾸면, 우리 농산물의 경쟁력을 높일 수 있는 방법이 엄청나게 많다는 얘기다.

생산비는 소비자가 지불한 가격의 극히 일부에 지나지 않는다

농업의 경쟁력에 대해 얘기할 때, 우리는 생산비를 가장 먼저 머리에 떠올린다. 농정당국도 우리 농업의 경쟁력을 높이기 위해 기술개발과 생산비 절감에 중점을 두고 있다. 장기 계획을 세울 때마다 '생산비 40% 절감'이라는 목표가 설정되고, 이를 규모의 증대로 실현한다는 것이 정책의 단골메뉴였다. 영농규모가 커지면 사람 대신에 농기계를 사용할 수 있기 때문에 인건비를 줄일 수 있다는 것이다. 뿐만 아니라 감가상각비, 일부 인건비 등 고정적 성격의 비용은 영농규모가 커지면, 단위당 생산비가 낮아지는 효과가 크기 때문이다.

그렇지만 생산비가 경쟁력을 결정하는데 어느 정도 중요하며, 그 약점을 극복하는데 얼마만한 어려움이 있을지에 대해 정확히 알아야 한다. 생산비는 농가에게 항상 큰 부담을 주지만, 소비자가 지불한 가격에서 차지하는 비중은 생각만큼 크지 않다. 특히 경쟁력과 직접 관련이 있는 경영비는 그 비중이 얼마 되지 않는다. 뿐만 아니라 외국의 경영비와 비교해도 큰 차이가 나지 않는다.

물류비, 판매비, 마진 등을 줄인다면 경쟁력을 높일 수 있다

부피가 크고, 중간 감모가 많아 좀 극단적인 사례이지만 양파의 경우, 소비자가 지불한 가격에서 경영비가 차지하는 비중은 12.8%에 지나지 않는다(50p 표 참조). 2010년 유통공사가 전남 무안에서 서울로 출하되는 양파에 대해 조사한 내용을 보면, 농가 수취가격은 kg당 337원이고, 소비자가격은 1,318원이다.

그런데 통계청의 양파생산비는 kg당 223원이고, 이중에서도 직접생산비는 169원이다. 소비자가격 1,318원의 12.8%에 지나지 않는다. 뿐만 아니라, 직접생산비 중 중요한 항목이 노동비인데 여기에 자가 노동비가 포함되어 있으므로 이를 뺀 경영비는 174원에 지나지 않는다. 경영비가 50% 높아진다 해도 소비자가격에서 차지하는 비중은 17%도 되지 않는 셈이다. 영농규모가 곧 경쟁력을 좌우하는 게 아니라는 얘기다. 생산비보다 비중이 훨씬 큰 물류비, 판매비, 마진 등의 나머지 비용항목을 줄일 수 있다면, 소매매장 위에 올려놓을 수 있는 공급가격을 훨씬 더 낮출 수 있고, 경쟁력을 훨씬 더 높일 수 있다는 뜻이다!

양파의 생산비구조

(통계청)

생산비항목별	2009		2010	
	10a당	20kg당	10a당	20kg당
생산비 합계	1,372,056	3,702	1,421,842	4,454
직접생산비	1,170,861	3,159	1,216,475	3,811
종묘비	185,307	500	196,633	616
비료비	215,830	582	192,489	603
농약비	67,856	183	74,399	233
기타 재료비	45,731	123	50,880	159
영농광열비	4,861	13	4,963	16
농구비	26,686	72	26,825	84
영농시설비	2,328	6	2,072	6
수리(水利)비	513	1	463	1
노동비	573,093	1,546	603,712	1,891
위탁영농비	43,527	117	57,128	179
기타비용	5,129	14	6,911	22
간접생산비	201,196	543	205,368	643
토지용역비	132,525	358	135,210	424
자본용역비	68,671	185	70,158	220
부산물생산비	223	-	159	-
부산물공제생산비	1,371,833	-	1,421,684	-

품질과 브랜드에 따라 가격은 몇 배의 차이가 난다

　2011년 9월16일 사과(쓰가루)도매가격은 15kg 한 상자에 최고상품은 42,000원인데, 중품 최저가격은 23,000원이었다. 생산비에서는 큰 차이가 없지만, 가격에서는 거의 2배 차이가 났다. 백화점에서 파는 소위 명품과 일반시장에서 파는 보통품은 이보다 가격 차이가 훨씬 클 것이다. 일본산 농산물은 세계 어디서나 명품으로 통한다. 일본농산물유통회사의 지도 아래 중국에서 생산된 농산물은 중국산 일반농산물보다 3~10배 비싸지만 수요가 달린다고 한다. 일본산 쌀은 중국산 평균보다 20배 정도 비싼 kg당 1000~1500엔(약 8000~1만2000원)에 팔리고 있다. 2006년 한농연 회원들을 위한 특강에서 과수조합연합회 전무는 "대만에서 일본산 사과, 배는 우리나라산보다 6배 높은 가격에 팔리고 있다"고 전했다. 중국과 동남아 등에서 자신감을 얻은 일본은 2013년까지 '일본산' 농산물 수출을 현재(2007년)의 다섯 배로 늘리겠다는 계획을 세워 추진 중이다.

　생산비를 낮추는 것도 중요하지만, 품질과 브랜드 명성을 높이는 것이 훨씬 더 중요하다. 생산비가 몇 십% 높다 하더라도 그것이 최종 소비자가격에 미치는 효과는 그렇게 크지 않기 때문이다. 생산비가 경쟁력의 전부가 아니라는 얘기다. 어떻게 하면 우리 농산물의 품질을 세계 최고로 할 것인가? 어떻게 하면 우리 농산물에 대한 세계 소비자들의 신뢰와 사랑을 높일 수 있을 것인가? 이런 문제를 해결할 수 있다면 영농규모도, 생산비도 크게 문제가 되지 않는다.

우리 벼농사에 대한 새로운 이해

우리 벼농사,
충분히 지속가능하다

우루과이라운드협상(UR)이 한창 진행될 때, 전문가들을 포함해서 많은 사람들이 우리 벼농사는 경쟁력이 없다고 했다. 가격은 국제가격보다 네댓 배나 비싼데다, 농가평균 경작규모가 1ha도 채 안 되는데 비해 미국은 몇 백 몇 천ha나 되기 때문이다. 우리 쌀이 개방이 되면, 존립할 수 없을 것이라고까지 했다. '쌀시장이 개방되면 우리 쌀은 정말 없어질 것인가? 우리 벼농사가 다른 나라에 비해 불리한 점이 무엇인가?'를 살펴보기 위해 비용항목을 꼼꼼히 따져 보았다.

우리 벼농사가 외국에 비해 비료와 농약 등 농자재가 특별히 많이 들어가는 것은 아닐 것이다. 농자재시장이 개방되어 있으니, 가격이 특별히 비쌀 이유도 없다. 인력이 특별히 많이 필요한 것도 아니다. 인건비가 비싸다고 하지만, 돈 주고 쓰는 고용노동력은 얼마 되지 않는다. 뿐만 아니라, 벼농사에 실제 투입되는 노동일수는 2주일이 안 된다. 토지임차료는 경쟁력과 상관없는 고정비 항목이다. 벼농사에는 물이 많이 필요하다. 우리는 물이 충분하고 공짜인데 비해 외국에서는 농업용수 값이 비싸고, 그나마 앞으로 구하기 어렵다고 한다.

통계청이 조사한 2010년 쌀생산비는 80kg당 98,413원이다. 자기 논을 임차한 것으로 보는 토지용역비 등을 뺀 직접생산비는 59,514원이다. 자가노동이라 할 수 있는 노동비 16,073원을 빼면, 쌀 80kg의 직접생산비는 43,441원이다. 작황이 좋았던 2009년에는 39,708원에 지나지 않았다. 가장 큰 비용항목이 비료비, 농구비, 위탁영농비다. 우리는 생산량을 높이기 위해 비료를 많이 쓸 뿐 비료가격 자체가 높다고 할 수 없다. 남은 문제는 인건비와 농기계비용인데, 영농규모가 작은 우리는 일상적인 영농활동을 자가 노동으로 해낼 수 있다. 남은 문제는 '농기계를 100% 활용하는 것'이다. 이 문제는 많은 지역에서 위탁영농과 들판단위농사로 이미 극복하고 있다.

위탁영농과 들판단위농사가 제대로 이루어진다면, 우리 벼농사는 더 이상 효율성을 높일 수 없을 정도다. 반드시 한 사람에게 땅을 몰아주어야 효율성이 높아진다고 할 수 없다. 그러므로 벼농사는 대부분 농가의 기본소득

쌀 생산비구조 (2010년)

(통계청)

생산비항목별	10a당	정곡 80kg당
생산비 합계	614,339	98,413
직접생산비	371,513	59,514
묘비	12,719	2,038
비료비	47,982	7,686
농약비	29,057	4,655
기타 재료비	11,885	1,904
영농광열비	5,130	822
농구비	45,841	7,343
영농시설비	1,025	164
수리(水利)비	420	67
노동비	100,335	16,073
위탁영농비	111,961	17,935
기타비용	5,158	826
간접생산비	242,826	38,899
토지용역비	214,576	34,373
자본용역비	28,250	4,525
부산물생산비	20,173	
부산물공제생산비	594,166	

항목으로 지속되도록 하는 게 더 낫다. 고령 농민들에게 보조금을 주면서까지 젊은 농민에게 경영이양을 하게하고, 아무 일도 하지 않게 하는 것은 좋은 정책이라 할 수 없다. 다른 작목도 위탁영농과 들판단위농사 방식을 활용하면, '대규모 영농'에 따르는 효율성을 충분히 확보할 수 있을 것이다.

쌀은 단순한 농산물 그 이상이다

논은 수자원을 함양하고, 홍수를 방지하며, 여름 열기를 식히고, 생물 다양성에도 기여하고, 아름다운 경관 조성에도 기여하고 있다. 쌀의 공익적인 기능을 굳이 수치로 환산하여 강조할 필요는 없다 할 것이다. 쌀은 우리 기후풍토에서 가장 생산성이 높은 작물, 그 이상이기 때문이다. 농민들에게 벼농사보다 쉽게 농사를 짓고, 안정적인 소득을 올릴 수 있는 작목은 없다. 국가적으로도 벼농사보다 쉽게 식량자원을 확보하고, 많은 농가로 하여금 소득을 올리게 하는 방법은 없다. 그럼에도 불구하고 가격하락과 생산비 상승, 소비 감소로 쌀 소득이 점점 줄어들고, 재배면적도 줄어들고 있다. 수요를 최대한 개발하고, 직접지불로 소득을 보충하여 많은 농가들로 하여금 벼농사를 짓게 해야 한다.

쌀은 중요한 천연자원이다. 식용에 한정하지 않고 용도를 개발하면 된다. 과학의 발전에 따라 그 용도는 무한정 넓어질 것이다. 가급적이면 많이 생산하는 것이 국익에 도움이 된다. 그러므로 보다 많은 농가로 하여금 벼농사를 짓게 하고, 직접지불금을 포함한 쌀 소득이 농가의 기본적인 소득을 받쳐주게 하는 정책이 바람직한 정책이다. 구태여 소수 농가의 영농규모를 키워서 많은 보조금을 몰아줄 이유가 없다.

또한, 부재지주의 농지는 인접 전업농에게 임대하도록 제한하는 등의 방식으로 직접지불금이 농가에게 귀속될 수 있게 해야 한다. 농가의 기본적인 소득을 받쳐주기 위한 직접지불금을 논에만 시행하는 것도 불합리하다. 밭농사를 하는 농민에게도 당연히 기본적인 소득을 받쳐주어야 할 것이다.

예부터 쌀은 우리 민족에게 목숨만큼 귀한 것이었다. 그러나 수요량 이상으로 생산하여 재고로 쌓아두는 것은 국가적으로 낭비다. 그래서 정부는 약 90만 ha의 벼 재배면적을 70만 ha까지 줄이는 계획을 발표한 것 같다. 20만 ha의 논을 다른 고소득 작목이나, 유용한 용도에 써야 한다는 얘기다. 그렇지만 먼저 해놓아야 할 일이 있다. 추가로 생산되는 고소득 작목을 제값에 판매, 또는 수출할 수 있는 길을 뚫어놓아야 한다. 농민들은 벼농사 이외의 시간을 100% 활용하기 위해 복합영농을 하고, 농외소득사업을 적극적으로 펼쳐야 한다. 이렇게만 된다면, 벼농사를 포함한 우리 농업의 경쟁력과 효율성을 높일 수 있다. 특히, 쌀은 상생·공존의 시대정신을 살릴 수 있는 작목이 될 것이다.

2 농업 기술도
세계 최고를 꿈꿀 수 있다

"우리 농업의 기술수준이 세계 최고라면 우리 농업은 경쟁력이 있겠습니까?"라고 물으면 농민들은 모두 "그렇다면 물론 경쟁력이 있겠지요"라고 답한다. 농업기술과 영농노하우와 종자가 세계 최고 수준이라면, 평균 1.5ha의 농경지에서도 많은 소득을 올릴 수 있을 것이란 얘기다.

그렇다면 농업기술과 영농노하우와 종자를 세계최고로 만들지 못하는 이유가 무엇일까? 우리의 반도체, 조선, 철강, 자동차 등 다른 산업은 3, 40년 만에 거의 아무 것도 없는 맨바닥에서 세계최고 수준에 이르렀다. 그런데 70년대 녹색혁명을 이루었던 우리 농업의 국제경쟁력은 별로 달라지지 않고 있다. '농업분야의 기술개발은 특별히 어렵다'고 주장하면 납득할 수 있겠는가? 그렇다면 IT, 자동차분야는 쉬워서 발전한 것인가? 우리 농업기술이 선진국에 뒤처져 있는 게 당연하다는 생각은 도대체 어디에 그 뿌리가 있을까? 왜 농업기술은 세계 최고를 꿈꾸지 못했을까? 땅의 넓이야 어떻게 할 수가 없다지만, 기술까지 뒤져야 할 아무런 이유가 없는데도 말이다.

네덜란드의 농업생산성, 한국의 8배 되는 작목도 있다

농업 선진국인 네덜란드와 우리나라의 농업생산성을 비교한 자료를 보면 놀랍다. 농림수산식품부와 경남도 농업기술원이 만든 자료를 보면서 나는 그 수치를 믿을 수가 없었다. 수출을 주로 하는 파프리카의 경우, 시설면적 평당 생산량은 네덜란드가 99kg인데 비해 우리는 30kg이라는 것이다. 생산성에서 3배 이상 차이가 난다. 토마토

원예 수출농산물 생산성 비교 (2008. 7. 농식품부, 예산신청 부속자료)

구분	네덜란드 (kg, 본/평)	한국 (kg, 본/평)	비고
오이	267	33	
토마토	188	26	
딸기	40	10	
파프리카	99	30	
가지	155	29	
장미	782	254	
국화	614	182	
거베라	706	294	
시설원예 면적(ha)	10,359	52,149	면적은 5배
시설원예 생산액(조원)	6.3	3.1	생산액 절반

는 차이가 더 크다. 네덜란드가 188kg인데, 비해 우리는 26kg다. 7배 이상 차이가 나고 있다. 앞의 표는 한국과 네덜란드의 원예 수출 농산물의 생산성 비교를 나타내고 있다. 오이, 딸기, 가지, 장미, 국화, 나리, 거베라 등 다른 작목에서도 큰 차이가 난다. 오이는 8.1배, 딸기 4배, 가지 5.3배, 장미 3배, 국화는 3.3배나 된다. 한국의 시설원예 면적이 네덜란드에 비해 5배 크지만, 생산액은 절반밖에 안 된다는 것이다. 우리 원예농업의 기술과 생산 인프라와 운영노하우에 그만큼 개선의 여지가 크다는 것이다.

또 하나 놀라운 사실은, 경남도의 지원으로 네덜란드 현지의 교육훈련과정(PTC+)을 이수한 농가들의 생산성이 두 배 이상 향상되었다는 것이다. 파프리카는 31kg에서 68kg으로 2.2배 향상되었고, 토마토는 50kg에서 120kg으로 2.4배 향상되었다. 경남도는 보다 많은 농민들에게 교육기회를 제공하기 위해 경남농업기술교육원(ATEC)을 건립하고 네덜란드에서 교관을 모셔왔다.

네덜란드보다 기술과 교육수준을 높일 수 있다면…

나는 네덜란드 원예농업의 생산성자료를 보고 '기술의 깊이는 한이 없다'는 생각을 했다. 네덜란드 현지의 교육훈련과정(PTC+)을 이수한 경남 농가들의 생산성이 2배 이상 향상되었다는 보도를 보면서 기술과 교육의 중요성을 다시 한 번 깨달았다. 우리 농업은 영농규모의 확대, 시설의 현대화 이외에도 할 일이 많다는 것을 새삼 알게 되었다. 우리 농업도 세계최고의 기술로, 세계최고 품질의 농산물을 생산하고 관리한다면, FTA를 그렇게 두려워하지 않아도 될지 모른다는 생각을 했다. 문제는 우리 농업기술을 세계최고로 만들 수 있느냐, 없느냐이다. '어떻게 하면, 우리 농업기술을 조선·반도체 등 우리나라의 성공산업처럼 세계 최고수준으로 만들 수 있겠는가?' '어떻게 하면 우리 농민과 농산업 종사자들의 영농기술을 세계 최고 수준으로 끌어올릴 수 있겠는가?' 이러한 문제를 풀어야 한다.

3 농산물 판매와 수출, 뉴질랜드 농민보다 더 잘할 수 있다

생산도 중요하지만 더 중요한 것은 잘 파는 것이다. 이상기후나 돌발 병해충이 없다면, 농민들은 생산은 크게 걱정하지 않는다. 그렇지만 판매는 다르다. 나라 전체로 작황이 어떤가를 걱정한다. 다른 농민들도 풍작을 할까봐 걱정한다. 언제 수확해서 언제 출하할 것인가? 밭떼기로 팔 것인가, 도매시장으로 출하할 것인가? 어느 도매시장, 어느 법인으로 출하할 것인가? 좀 더 나은 값을 받기 위해 고민, 고민한다.

하지만 아무리 농사를 잘 지어도 돈이 될지 안 될지 알 수가 없다. 열심히 공부하고, 시장을 분석해도 제값을 받고 팔 수 있을 것이라는 보장이 없다. 앞선 농가와 조합은 국내시장의 한계를 극복하고자 수출을 하기도 하지만 정부와 지방자치단체의 이런 저런 수출 지원에

도 제대로 수지를 맞추지 못하고 있다. 생산이 위축되고, 대부분 작목의 재배면적이 줄어드는 이유다.

이런 상황에서 농민들은 '생산은 농민이 전담하고, 판매는 농협이 전담'해 주기를 소망하지만 농협은 판매사업에 소극적이다. 하면 할 수록 손해가 커진다며 마지못해 하고 있다. 농협이 나서지 않자 정부는 영농조합법인을 만들기도 하고, 시군유통회사를 만들기도 했다. 그렇지만 기존의 농협과 서로 경쟁하여 둘 다 어려워질 뿐 판매 문제가 해결되지 않기는 마찬가지였다.

많은 농민들과 정부는 농협중앙회의 신경분리에 마지막 기대를 걸고 있는 것 같다. 정부는 분리된 경제사업지주가 판매사업을 원활하게 수행하는데 필요한 자금으로 5조원을 지원하기로 약속했다. 그래도 농협이 농민들의 판매걱정을 덜어주기는 어려울 것이다. 판매사업을 잘하고 못하고는 전담부서가 생겼다고 되는 것도 아니고, 자본금이 많다고 되는 것도 아니기 때문이다. 판매사업을 잘하고 못 하고는 그 일을 담당하고 있는 임직원들의 열정과 창의성 등 사업 역량에 달려 있기 때문이다. 농협 임직원들의 사업 역량이 어느 정도라는 것은 자신들도 알고 있고, 농민들도 잘 알고 있다. 개인 투자자라면 아무도 농협의 경제사업에 자금을 대지 않을 것이다.

뉴질랜드 키위농민들의 '글로벌 판매회사'

뉴질랜드는 세계 키위시장의 30%를 장악하고 있다. 경쟁국인 칠레, 이탈리아보다 생산성은 약 50% 높고, 가격은 약 100% 높다. 뉴질랜드의 키위농가들은 판매 문제를 걱정하지 않는다. 그들은 "과일소비시장의 1%밖에 안 되는 키위는 그 가능성이 무한하다"고 생각하고 있다. 그들이 1997년에 세운 '제스프리 인터내셔널'이라는 회사는 농장에서부터 수출국의 도매단계에 이르기까지 전 유통과정을 직접 담당한다. 수출국의 소매단계도 일관되게 관리하면서 마케팅을 전개한다. '제스프리 인터내셔널' 한국지사는 신문, TV, 인터넷 홍보는 물론 매장에서의 시식회도 진행한다. 생산이 개별농장에서 이루어질 뿐 연구개발, 품질 및 수확 후 관리, 수출국 현지마케팅 등 우리나라의 일반 수출대기업이 하는 사업방식과 똑같다! 신품종인 '골드 키위'도 회사의 연구팀이 주도하여 개발했다.

'제스프리 인터내셔널'은 이름 그대로 세계경영을 하고 있는 것이다. 설립 10여년 만에 뉴질랜드 키위를 품질, 가격, 시장점유율 면에서 세계최고로 만들었다. 한국의 키위시장도 완전히 장악했다. 자기나라 농민들이 생산한 키위는 물론이고, 해외의 다른 나라 농민들과 계약 생산한 물량까지 제값에 팔아주고 있다. 제주도 농민들이 제스프리의 까다로운 요구조건에도 계약재배를 원하는 이유가 여기에 있다. 뿐만 아니라, 제스프리는 판매사업에서 수익을 내고, 그 수익을 주주인 농가에게 배당하고 있다. 판매사업은 적자라며 소극적인 우리 농협과는 차원이 달라도 이렇게 다를 수가 없다.

'제스프리'보다 사업을 더 잘하는 회사나 조합이 있다면…

뉴질랜드 농가들이 짧은 시간 내에 거둔 성과를 보면, 농업경쟁력의 원천은 결코 영농규모가 아니라는 것을 알 수 있다. 뉴질랜드 키위농가의 평균 재배규모는 약 4ha에 지나지 않는다. 제스프리와 계약재배를 하고 있는 우리나라 제주도의 '영세한' 키위재배 농민들도 수익을 내고 있다. 제스프리의 뛰어난 사업역량이 농업의 경쟁력과 농가 소득에 얼마나 큰 영향을 주는지 증명하고 있다.

반면에 우리 농민들의 생산·유통방식은 어떠한가? 가격이 오르내릴때마다 "유통구조가 잘못됐다"고 말한다. 생산자들은 생산자대로, 조합은 조합대로, 시군 유통회사는 시군 유통회사대로 각자 도생을 하고 있다. 이렇게 우리끼리 경쟁하다 우리 농업은 거덜이 날지도 모른다. '영세한' 우리 농업이 살아남으려면 반드시 '제스프리 인터내셔널'보다 사업을 더 잘하는 농민들의 회사, 또는 조합을 가져야 한다. 우리 농업에 희망을 가져올 수 있는 또 하나의 실마리가 여기에 있다.

문제는, 어떻게 하면 우리 농민들도 품목별로 판매 창구를 통합하게 할 것인가? 어떻게 하면 '글로벌 경영'을 할 수 있는 탁월한 임직원을 확보할 수 있을 것인가? 어떻게 하면 신품종을 개발할 수 있을 정도의 연구개발 역량을 확보할 수 있는가? 어떻게 하면 보통 농민들까지 최고 수준의 영농기술을 교육받게 할 것인가? 이런 문제를 해결할 수 있다면, 농민들은 판매문제에 신경 쓰지 않고 생산에만 전념하게 될 것이다. 아무리 많이 생산하더라도 과잉 생산에 따른 가격폭락을 걱정할 필요가 없다. 이렇게만 된다면 우리 농민들은 땅을 놀리지 않고 농사를 지을 것이다. 지금보다 훨씬 더 많은 생산을 해낼 것이다. 농업 소득이 정체되거나, 감소되는 일은 없을 것이다.

4 우리 농산물
국내외 시장은 무한하다

사업을 하는데 가장 중요한 조건은 내다팔 시장이 있느냐, 그 시장이 앞으로 얼마나 커나갈 것인가 하는 것이다. 무슨 사업을 하든 시장조사를 먼저 하는 이유가 여기에 있다. 그런데 우리 농산물의 국내외시장 여건은 너무나 좋다.

중국 소비자들의 고급품 선호, 상상을 초월한다

우리 농민들이 농업소득을 올리는 길은 분명하다. 지금보다 더 많이 생산하고, 지금보다 더 좋은 값에 팔 수 있어야 한다. 더 많이 생산한 농산물을 제값 받고 팔기 위해서는 수출을 하지 않으면 안 된다. 국내시장은 이미 넘치는 시장이다. 전자기기, 자동차, 조선처럼 수출을 해야 한다.

다행스럽게도 우리는 최고의 농산물 수출시장을 옆에 두고 있다. '세계경기가 중국 소비자들의 지갑에 달렸다'고 한다. 그들의 씀씀이는 상상을 초월한다. 중국은 세계 사치품시장의 27%를 차지하고 있으며, 중국 관광객은 우리나라 백화점의 가장 큰 손 고객이다. 중국인들이 섣달 그믐날 먹는 8인분 녠예판(年夜飯)은 한 끼 식사대로 40만위안(6600만원)짜리가 있는가 하면, 10만~20만 위안짜리 호텔 상품도 흔하다. 중국에는 우리나라 중산층 정도의 소비수준을 가진 인구가 약 1억5천만 명이며, 연 10%에 육박하는 경제성장으로 중산층 수와 소득이 급증하고 있다. 소위 '백만장자'는 우리보다 훨씬 많다. 이들 백만장자들이 해외 이민을 하고 싶은 이유 중의 하나가 '안전한 농식품'이다. 품질과 안전성이 보장된다면, 그들이 식품의 가격을 따지겠는가? 몇 푼의 돈을 아끼겠다고 그들의 시장에서 유통되고 있는 '유해식품'을 사다먹겠는가? 일본이 농산물 시장정책을 방어형에서 공격형으로 바꾼 이유도 여기에 있다.

대한민국의 브랜드가치가 점점 커지고 있다

우리의 드라마와 대중음악 등 '한류'는 중국, 일본, 동남아를 넘어 중동, 아프리카에까지 선풍을 일으키고 있다. 미국의 뉴스전문방송 CNN은 '한국은 아시아의 할리우드'라고 보도했다. 우리의 걸 그룹, 아이돌그룹의 춤과 노래, K-팝은 아시아를 넘어 유럽과 미국, 남미로 퍼져나가고 있다. 스포츠에서도, 외교에서도 한류 붐이 일고 있다. 2010 동계올림픽에서도 세계의 찬사를 받았다. 2018년 동계올림픽 개최지로 선정되었다. 2011년 세계 중요 20개국(G20)정상회의가 서울에서 열렸고, 2012년에는 핵안보정상회의가 열렸다. 경제위기를 가장 잘 극복한 나라로, 세계가 평가하고 있다. 우리의 발전경험을 배우고 싶다는 개발도상국가가 한 둘이 아니다. 아프리카의 어느 지도자는 "한국은 아프리카국가들에게 영감을 주는 나라"라고 했다. 한국의 위상과 한국산 상품의 브랜드가치가 올라가면 우리 농산물과 식품의 가치도 올라가게 되어 있다. 수출여건이 그만큼 좋아진다는 얘기다.

여기에 우리 농산물은 맛과 향이 특별하다. 우리 농산물은 그 옛날 진시황이 불로초를 구하러 보냈다는 '스토리'가 있다. 우리 인삼은 1천 년 전부터 최고의 가공농산물이라는 전통과 명성이 있다. 1970년대 중·초반 무명에서 시작한 자동차, 전자제품이 세계적인 명품으로 자라났는데, 우리 농산물이 명품으로 자라지 못할 아무런 이유가 없다. 이유를 찾는다면, 우리 농산물의 맛과 향을 더욱 특별하게 하는 연구개발이 부족했다. 우리 농산물을 세계적인 명품으로 키워나가는 마케팅 역량이 부족했다.

국내시장을 다지고, 해외시장을 개척한다면…

우리 농민들이 정부에 대해 강력하게 요구하는 정책 중 하나는 농수산물의 원산지표시제이다. 수입농산물을 국산농산물이라 속여 파는 짓만 못하게 해도 우리 농산물에 대한 수요가 그만큼 많아지고, 가격도 그만큼 지지될 것이란 믿음 때문이다. 한우나 돼지고기에서 실제로 그런 현상이 나타나기도 했다. 정부는 농가 보호뿐만 아니라, 소비자를 보호하기 위해서도 단속과 처벌을 강화하지 않을 수 없었을 것이다. 가격에서 몇 배의 차이가 나는 수입농산물과 국산농산물을 섞어 파는 행위를 그냥 놔둘 수 없기 때문이다.

특히 우리 농산물의 안전성과 맛과 품질에 대해 우리 국민들은 거의 무조건적인 사랑과 신뢰를 보내주고 있다. 수입농산물의 잔류농약에 대해서는 극히 민감하게 반응하면서도 우리 농산물의 잔류농약이나 항생제에 대해서는 상대적으로 관대했던 게 사실이다. 농업계로서는 참으로 감사해야 할 사항이다.

그렇지만 앞으로 소비자들의 인식도 변할 가능성이 크다. 미국, EU 등 세계 최강 농업국으로부터 '품질 좋은' 농산물이 쏟아져 들어올 것이기 때문이다. 이들 국가의 농산물 수출회사나 생산자조합, 또는 협회들이 국내시장에서 뛰어난 마케팅 역량을 발휘하여 우리 소비자들의 호감을 이끌어낼 것이기 때문이다.

그러나 지레 겁을 먹고 포기할 수는 없다. 우리 농업의 위기를 기회로 만들어 나가야 한다. 국내시장을 다지면서, 해외시장을 개척해야 한다. 남은 과제는, 우리 농산물에 대한 국민들의 사랑과 신뢰를 어떻게 계속 다져나갈 것인가? 해외시장, 그중에서도 중국시장을 누가 어떻게 개척해 나갈 것이냐? 이다.

5 일하는데 필요한 사람과 돈도 충분하다

우리 농업이 세계 최강이 되고, 우리 농산물이 세계적인 명품이 되기 위해서는 할 일이 참으로 많다. 세계 최고의 연구개발인력과 조직이 있어야 하고, 세계 최고의 생산 및 관리체제가 확립되어야 하고, 세계 최고의 마케팅 조직과 인력이 있어야 한다. 이런 모든 일을 제대로 해내기 위해서는 뛰어난 인재와 많은 재원이 있어야 한다. 농민들이 들으면 섭섭할지도 모르겠지만, 나는 우리 농업계가 쓸 수 있는 돈과 사람이 참 많다는 것을 뒤늦게 알게 되었다.

유능한 공직자와 수많은 연구진이 농업을 위해 일하고 있다
농림수산식품부와 그 산하기관에는 농업과 농민을 위해 '불철주야' 일하는 유능한 공무원이 수천 명 있다. 각 도와 시군 등 지방자치단체에도 있다. 농어촌공사에는 7천 명 가까운 임직원이 있다. 연구 개발을 담당하고 있는 인력도 많다. 노무현 정부 때, 농촌진흥청과 도 농업기술원, 기술센터에는 2,500명의 석사·박사가 있다고 했다. 물론 석사·박사가 아닌 사람은 더 많다. 다 합하면 1만명에 육박한다. 약 50개 농업계 대학에 1000명의 교수와 연구진이 있고, 농업계 고등학교에도 많은 전문가가 있다. 전국 각지에 품목별 특화연구원이 있다. 중앙단위의 한국식품연구원, 한국농촌경제연구원이 있고, 농협에도 경제연구원과 식품연구원이 있다. 대기업, 중소기업에도 농업 및 식품관련 많은 연구소가 있다. GSnJ 등 민간정책연구소도 많이 있다. 용역비만 주면 얼마든지 활용할 수 있는 컨설팅업체와 민간전문가도 많다. 사업을 해보면, 한 사람의 직원이 얼마나 아쉽고, 인건비 부담이 얼마나 무섭다는 것을 알 수 있다. 그런데 우리 농업계에는 각 분야에 이렇게 많은 인재들이 일하고 있다. 모두들 치열한 경쟁을 뚫고 들어온 최고의 인재들이다.

농산물 판매와 수출을 위한 인력도 넘쳐난다

우리 농산물의 판매와 수출을 위해 일하는 사람도 많다. 농협에는 경제사업분야에 정규 직원만 2만3천 명이 있다. 신용사업 분야에도 5만5천 명이나 있어서 농협은 스스로 "10만 임직원"이라 한다. 자회사도 있고, 비정규직도 있으니 10만 명이 더 될지도 모른다. 벌써 4~5년 전 자료이니, 지금은 더 늘어났을 것이다. 한국농수산식품유통공사에도 700명 가까운 직원이 있다. 시군유통회사도 있고, 공영도매시장도 있다. 이외에도 품목별·지역별로 농업회사, 영농조합법인 등 민간업체들이 헤아릴 수 없이 많다. 글로벌경영을 하고 있는 '제스프리'의 전체 직원 수는 2005년 현재 각국에 있는 지사 직원을 포함해 180명이 채 되지 않는다. 그렇지만 그들은 세계의 키위시장을 장악하고 있다. '농협 경제사업 인력과 유통공사 인력만으로도 제스프리와 같은 농산물유통회사를 도대체 몇 개나 만들 수 있나?'하는 생각이 들었다.

정부와 지자체, 농협에 '20조원'이 넘는 재원이 있다

 농업계가 쓸 수 있는 재원도 결코 작다고 할 수 없다. 2011년도 농림수산식품부의 농림수산식품분야 투융자예산은 약 18조원이다. 110만 농가 당 1,640만원인 셈이다! 지방자치단체인 각 도에 수백 내지 수천억 원, 각 시군에 수십 내지 수백억 원의 자체 농업예산이 있다. 정부에만 돈이 있는 게 아니다. 농협의 2007년 신용사업수익은 3조원이나 되었다. 2011년은 기업과 가계가 큰 어려움을 겪고 있음에도 금융권은 최대의 수익을 올리게 될 것 같다는 보도가 이어지고 있다. 농협에는 신용사업 이외에도 자회사가 25개나 된다. 이들까지 일반회사처럼 돈을 번다면, 농협의 수익은 훨씬 더 커질 것이다. 농협의 그 많은 경제사업장이 제스프리처럼 돈을 벌지 못할 이유가 없.

 이런 돈 저런 돈을 합하면, 농업계가 쓸 수 있는 돈은 1년에 20조원을 훌쩍 넘을 수도 있다. 결코 작다고 할 수 없다. 이뿐만이 아니다. 농업용 유류, 전기료, 농자재 부가가치세 등 면세지원액이 3조원을 훨씬 넘는다.

그 많은 사람과 돈이 제 기능을 할 수 있도록 해야 한다

이처럼 우리 농업·농촌·농민을 위해 이미 확보되어 있는 인적·물적 자원은 엄청나게 크다. 그러나 농민들은 각자 살아남기 위해 이리 뛰고 저리 뛰고 있다. 그렇게 많은 사람과 돈이 농업·농민을 위해 존재하고 있다는 사실조차 느끼지 못하고 있다. 이렇게 따로 노는 농정이 성과를 낼 수 없는 것은 당연하다. 현장과 동떨어질 수밖에 없고, 농민들의 불신을 받을 수밖에 없다.

농업계의 그 많은 인재들이 농업·농촌·농민문제를 나의 문제처럼 생각하고 최선을 다 한다면, 우리 농업은 어떻게 될까? 농업계가 가진 그 많은 재원이 제대로 조율돼 적재 적소에 쓰일 수 있다면, 우리 농업·농촌은 어떻게 될까? 그럴 수 있다면, 분명 우리 농업은 지금과는 판이하게 달라질 수 있을 것이다.

6 우리 농민은 세계에서 가장 똑똑하고 부지런하다

세계 유명 학자들의 국민 평균 IQ조사결과를 보면, 홍콩 1위(107), 한국 2위(106), 일본 3위(105), 독일·이탈리아 6위(102), 이스라엘 26위(95)――이런 순위로 나와 있다. 중국에 속한 홍콩을 빼면, 사실상 한국이 1위다. 부지런하고 악착같기로도 세계 1위다. 과거 일본인들이 우리 민족을 비하하여, "조선인은 날일시키면 장승될까 겁나고, 도급을 주면 죽을까봐 겁난다"고 했다 한다. 이 말 속에는 일하는 만큼 보상이 되면, 우리 민족은 세상에서 가장 열심히 일한다는 뜻이 감춰져 있다.

우리 민족은 어디에 이민을 가더라도 빠른 시간 내에 정착한다. 하와이로 멕시코로 맨 몸으로 진출해 중상류층으로 살아남았다. 소련에 의해 시베리아에서 중앙아시아로 짐승처럼 짐짝처럼 내팽개쳐졌지만, 중상류층으로 다시 살아남았다.

　우리 주변에도 놀라운 창의성과 탐구열과 열정으로 크게 성공한 농업인이 한 둘이 아니다. 스스로 외국의 독농가와 연구소와 시장을 누비며 새로운 기술을 습득하고, 종자를 가져오기도 하고(식물검역문제가 있긴하지만), 시장의 흐름을 파악하기도 한다. 이런 농민들의 전문지식과 노하우는 기술센터의 전문가가 도움이 안 된다고 할 정도로 높은 수준에 이르고 있다. 농가들이 가진 기술과 노하우만 잘 활용해도 우리 농업은 한 단계 도약할 수 있을 것이다. 서로 서로 공유한다면, 그 효과는 실로 엄청날 것이다. 그렇지만 그 많은 기술과 노하우도 우리 농민들끼리 서로 경쟁하는 구도에서는 그 효과를 기대하기 어렵다. 경쟁자에게 누가 내 기술과 노하우를 알려주겠는가?

희망의 근거, 찾아보면 훨씬 더 많다

　우리나라가 크다고 할 수는 없지만, 산과 강으로 나뉜 지역마다 기후와 풍토가 다르다. 기후와 풍토가 다르면, 농산물의 맛과 향도 달라진다. 그래서 우리 농산물은 지역마다 독특한 맛과 향을 가지고 있다. 같은 품목에서도 다양한 풍미의 농산물을 선보일 수 있다. 다양한 소비자들의 기호를 충족시키고, 선택의 폭을 넓힐 수 있다. 진시황이 불로초를 구하러 동방으로 선남선녀를 보냈다는 것이 그냥 나온 말이 아니다.

　우리의 산과 내와 들은 어느 나라보다 아름답다. 사계절이 뚜렷하여 아름다움도 다양하다. 지역마다 독특한 문화가 있다. 산골까지 도로가 정비되어 있고, 인터넷이 깔려 있다. 세계인을 상대로 민박과 농촌휴양, 체험농업을 할 수 있다. 택배도 싼값에 할 수 있다. 농민이 생산한 농산물과 가공식품을 소비자와 직거래하기도 수월하다. 농외소득과 농산물가공·판매소득을 올릴 수 있는 가능성이 무한하다.

'할 수 있다'고 생각하는 사람은 할 수 있는 방법을 찾고, '할 수 없다'고 생각하는 사람은 할 수 없는 이유를 찾는다고 한다. 우리 농업 희망의 근거는 진정으로 원하는 사람의 눈에는 훨씬 더 많이 보일 것이다.

희망의 실마리를 엮어 '보통 농민도 희망을 가질 수 있는 농업'을 실현하는 일, 불가능하진 않지만 결코 쉬운 일이 아니다! 지금까지 우리 농업계가 해온 생각과 행동을 크게 바꿔야 하기 때문이다. 지금처럼 행동하면서 정부 지원을 늘려서 '보통 농민도 희망을 가질 수 있는 농업'은 결코 만들 수 없다. 정부, 연구개발 및 교육기관, 농협과 공사가 일해오던 방식을 크게 바꿔야 한다. 실의에 젖어 뿔뿔이 흩어져 있는 농민들이 농업문제 해결에 앞장서도록 해야 한다. 누가, 어디서부터 시작해야 할까?

제3장

희망의 조건

1 공감할 수 있는 비전과
그 실현방안이 보여야 한다

우리 농업·농정이 어떻게 바뀌어야 '우리 농업에 희망이 있다'고 말할 수 있을까? 우리 농업·농촌의 어떤 문제가 해결되어야 '보통 농민들'도 의욕을 갖고 농사를 짓게 될까? 우리 농업·농촌의 어떤 문제가 해결되어야 젊은이들이 농업을 직업으로 선택하게 될까? 어떤 조건이 갖춰져야 젊은 여성들이 농촌으로 시집오려 할까?

우리 농업, 희망의 조건을 한 마디로 얘기한다면, **'농업을 선택해도 꿈을 이룰 수 있다'**는 믿음이 있어야 한다는 점이다. 그렇다면 젊은 농업인들이 이루고 싶은 꿈은 무엇일까? 뿐만 아니라, 이미 농업을 선택한 농민들이 이루고 싶은 꿈은 무엇일까?

첫째, 경제적으로 별다른 어려움 없이 살 수 있어야 한다. 사람이 살아가는데 돈은 전부는 아니지만, 없어서는 안 되는 것이다. 의

식주는 물론이고, 사람답게 살아가려면 돈이 있어야 한다. 농민들도 노력하는 만큼 돈을 벌 수 있어야 한다. 경제 발전에 따라 '보통 사람들'이 누릴 수 있는 생활수준을 누릴 수 있어야 한다.

둘째, 농사짓는 일이 너무 힘들지 않아야 하고, 농촌에 사는 것이 너무 불편하지 않아야 한다. 농사는 정해진 시간 내에 씨 뿌리고, 가꾸고, 거둬들여야 한다. 힘들다고 쉬어가며 할 수 없다. 힘든 농사일은 기계로 할 수 있어야 하고, 필요할 때 일꾼도 구할 수 있어야 한다. 주택·상하수도 등 생활환경에 큰 불편이 없어야 하고, 아이들 공부시키는데도 큰 불편이 없어야 한다. 아프면 병원가기도 크게 불편하지 않아야 하고, 농민들도 때로는 문화적인 삶을 즐길 수 있어야 한다.

셋째, 농업·농민에 대한 사회적인 평판이 나쁘지 않아야 한다. 지금까지 우리 농정이 추구해온 목표는 농가 소득 증대와 살기 좋은 농촌 건설이 전부였다. 그 중에서도 어떻게 하면 더 많은 돈을 버느냐에 있었다. 그렇지만 젊은 농업인들이 가장 아쉬워하는 것은 농업과 농민에 대한 우리 사회의 인식이 별로 좋지 않다는 점이다. 경제적인 문제는 나 혼자 열심히 노력하면 어느 정도 해결할 수 있지만, 사회적 인식문제는 혼자 힘으로 바꿀 수 있는 문제가 아니다. 단순히 경제적으로 조금 살기 좋아지는 것이 젊은 농민의 꿈이 될 수는 없다. 우리 사회가 농업의 기능과 농민의 역할을 높게 평가해 주고, 농민들은 어디서나 당당할 수 있어야 한다.

농민의 꿈, '삼농(三農)'은 예나 지금이나 같다

그동안 나는 많은 한농연 회원, 젊은 농업인들과의 대화, 그리고 생각을 거듭한 끝에 '우리 농업에 희망이 있다'고 말할 수 있는 세 가지 조건, 우리 농민들이 이루고 싶은 세 가지 꿈을 이렇게 요약, 정리했다. 그런데 우연히 다산 선생의 농업관에 대한 기사를 접하고 깜짝 놀랐다. 선생의 농업관은 '삼농(三農)', 즉 편농(便農, 편하게 농사짓는 것), 후농(厚農, 농업에 이득이 있는 것), 상농(上農, 농업의 지위를 높이는 것)으로 요약되는데, 이 '삼농(三農)'이 내가 정립한 세 가지 조건, 우리 농민들이 이루고 싶은 세 가지 꿈과 정확하게 일치했기 때문이다.

'농민들이 경제적으로 큰 어려움 없이 살 수 있어야 한다'는 꿈은 다산 선생의 후농(厚農)과 정확히 일치했다. '농사짓는 일이 너무 힘들지 않아야 한다'는 것은 편농(便農)과 정확히 일치했다. '농업, 농민에 대한 사회적인 평판이 나쁘지 않아야 한다'는 것은 선생의 상농(上農)과 정확히 일치했다.

나는 우리 농업문제의 핵심을 스스로 찾아내고, 합당한 대안을 스스로 정립했다고 자부했지만, 적어도 대안의 방향은 거의 200년 전에 이미 다산 선생께서 정립해 놓았던 것이다. 나는 그간의 사회경제적인 변화를 감안해 다산 선생의 편농(便農)에다 안촌(安村, 농촌에 사는 것이 불편하지 않아야 한다)을 추가했다. 여전히 농사짓는 것은 힘들지만, 기계화가 진행되고 있어서 예전만큼 편농(便農)이 중요하지는 않게 되었다. 대신에 도시화가 진행됨에 따라 도시에 비해 농촌의 생활여건이 불편해서는 안 된다는 점을 강조한 것 뿐이다.

다산 선생의 '삼농(三農)'은 나에게 안도감과 자부심을 불러일으켰다. 나의 고민과 대안의 방향이 올바르다는 것을 증명해 주고 있다는 생각이 들었기 때문이다. 또한 200년의 시간과 공간을 뛰어넘어 농업 문제와 그 해결방향이 다르지 않음에 놀라지 않을 수 없었다! 농민의 꿈은 예나 지금이나 다르지 않았던 것이다.

보통 농민들의 '삼농·안촌의 꿈', 실현가능한 얘긴가?

영세한 우리 농업이 글로벌경쟁에서 살아남는 것을 넘어 세계로 뻗어가는 꿈, 우리 농민들이 경제적으로나 사회적으로나 당당하게 살아가는 꿈. 아무도 쉽게 이룰 수 있다고 생각하지 않을 것이다. 누가 나서도 쉽게 이룰 수 있다고 생각하지 않을 것이다. 대통령이 나서고 장관이 나서도 쉽게 이룰 수 없는 꿈이다. 좀 비판적인 사람은 "농민과 정치인을 현혹시키지 말라"고 할지도 모른다. 그렇지만 많은 사람들이 꿈을 공유하고, 지혜와 힘을 모으면 의외로 쉽게(?) 꿈을 이룰 수 있다는 사례를 보면 경이롭다.

우리나라의 반도체, 조선, 자동차, 철강산업은 거의 맨 땅에서 출발해 30~40년 만에 세계적인 수준으로 발전했다. 세계 키위시장을 잡고 있는 제스프리 인터내셔널은 1997년에 설립되었고, 1987년 조합 통합기간까지 합쳐 23년밖에 되지 않았다. 그런데도 세계 키위시장을 장악했다. 이스라엘·싱가포르·브라질·중국을 보면, 국가라

는 거대조직도 국민과 정부가 어떻게 하느냐에 따라 30~50년 만에 '별 볼일 없는 나라'에서 세계적인 강국으로 발전할 수 있다는 것을 보여주고 있다.

제2차 세계대전 이후에 건국된 이스라엘은 아랍국에 둘러 싸여서도 굳건하게 발전하고 있다. 1964년 '보잘것없는 반도'에 건국된 싱가포르는 세계에서 가장 경쟁력이 높은 (도시)국가로 부상했다. 불과 30년 전에 개혁개방을 시작한 중국은 지금 세계 최강 미국과 패권을 다투고 있다. 남미의 '문제아' 브라질은 룰라 대통령의 8년 집권 동안에 세계 8위의 경제대국이 되어 UN상임이사국을 넘보고 있다.

식민재배와 전쟁의 잿더미에서 불과 60년 만에 '세계 10대 경제강국'으로 부상한 우리나라는 개발도상국들에게 '영감을 주는 나라'다.

얼마나 많은 농민들이 함께 꿈꾸고 함께 실천하느냐에 달렸다

우리 농민들이 원하는 '삼농·안촌의 꿈'은 얼마나 많은 농민이 함께 추구하느냐에 달렸다. 꿈은 남이 이뤄줄 수 없다. 농민들의 꿈은 농민들이 이루어야 한다. 농민들이 나서서 농업계의 변화를 이끌어내고, 국민의 호응을 이끌어내야 하는 것이다. 많은 농민들이 함께 하는 것, 결코 쉽지 않다. '30인31각'* 달리기보다 어렵다. 그렇지만 불가능한 것은 아니다. 우리 농민들의 꿈을 실현하는데 필요한 '사람과 돈도 충분하고, 여건도 좋다'는 것은 앞에서 말했다. 그 많은 사람과 돈으로 농민들의 꿈을 이루기 위해 이제 어떻게 해야 하는가?

---

* 일본의 초등학교에서는 협동심을 기르기 위해 반 전체 아이들이 발을 묶어 함께 달리는 '30인31각'대회를 하고 있다.

2 후농(厚農)의 꿈을 위해

　농민들이 경제적으로 별다른 어려움 없이 살아갈 수 있는 방법은 명확하다. 첫째, 농업소득을 최대한 올려야 한다. 품질 좋은 농산물을 많이 생산해서, 제값 받고 팔아야 한다. 국내시장은 물론 해외시장으로 판로를 넓혀야 한다. 둘째, 농외소득을 많이 올려야 한다. 가공·직판·체험·농가민박 등 농외소득사업을 잘 해야 한다. 셋째, 직불금·재해보상 등 정부 지원을 많이 이끌어내야 한다. 넷째, 농협의 신용·경제사업 수익을 극대화하고, 이를 농민에게 배당하게 해야 한다. 다섯째, 농기계 수리, 축사신축 등 엔간한 일은 자가 노동으로 해서 지출을 줄이고, 낭비시간을 줄여야 한다. 여섯째, 계획적으로 영농을 하고, 재산관리를 잘해야 한다. 어떻게 하면 이 모든 일들을 제대로 할 수 있을까?

1 최고의 기술로 최고 품질의 농산물을 생산해야 한다

농민들의 영농기술과 노하우, 그리고 종자가 뛰어나야 좋은 품질의 농산물을, 적은 비용으로, 많이 생산할 수 있다. 물론 생산기반시설도 현대화되어야 한다. 많이 생산된 농산물은 국내 시장은 물론 해외시장으로 쑥쑥 팔려나가야 한다. 품질과 가격에서 경쟁력이 있어야 한다. 그렇지만 우리 농산물은 품질에서도, 가격에서도 특별한 강점이 없다. 이런저런 지원이 없으면, 수출이 안 될 정도다. 일본에서 우리 농산물은 중·하품으로 취급받는 경우가 대부분이다. 우리 시설원예작물의 평당 생산성은 네덜란드의 3분의1 내지 8분의1에 불과하다. 우리 양돈업의 생산성도 네덜란드의 거의 절반밖에 안 된다.

정부도 농가의 농업소득을 높이고, 우리 농업의 경쟁력을 높이기 위해 기술개발을 하고, 생산비 절감대책도 강력하게 추진해왔다고 말할 것이다. 농민들도 남보다 한 발 앞서 기술과 노하우를 배우기 위해 많은 노력을 해왔다. 그렇지만 우리 농업의 국제경쟁력은 높아지지 않고 있다. 그간의 경쟁력 제고대책으로 우리 농업이 크게 발전한 것은 사실이지만, 다른 나라도 그만한 속도로 발전하고 있다는 얘기다. 완전경쟁시대에 영세한 우리 농업이 살아남는 길은 우리 농업 기술과 종자가 선진국보다 앞서야 한다. 연구개발 속도가 더 빨라야 한다는 얘기다. 지금과 같은 속도로 연구개발해서는 우리 농업이 선진국을 따라 잡기 어렵다. 중국에 따라잡힐지도 모른다.

우리 농업기술도 '목숨 걸고' 연구하는 체제가 되어야 한다

우리 연구 및 지도기관이 우리 농업의 기술수준을 획기적으로 높이지 못하는 이유가 무엇일까? 70년대 초중반에 시작한 반도체·조선·자동차산업이 세계적인 수준에 이르렀는데, 70년대에 녹색혁명을 이룬 우리 농업기술이 세계적인 수준으로 발전하지 못한 이유를 무엇으로 설명할 수 있을까? "농업분야는 연구인력도 연구비도 부족하다. 선진국의 연구 및 신품종 개발기술을 따라잡기가 어렵게 되어 있다"고 대답하면, 수긍할 수 있겠나?

나는 "땀을 흘리는 연구로서는 부족하다. 피를 흘리는 연구를 해야 한다"는 현대자동차기술연구소 소장의 인터뷰 기사를 보고 현대자동차의 기술이 비약적으로 발전하고 있는 이유를 짐작할 수 있었다. 현대자동차기술연구소 연구자들은 한참 앞선 선진국 자동차 기술을 따라 잡기 위해 그동안 "피를 흘리는 연구"를 해왔던 것이다. 그리고, 연구가 제대로 되었는지, 안 되었는지를 시장과 소비자에게 '냉혹하게' 평가받았던 것이다.

반면 우리 농업기술연구기관의 연구자들은 놀지 않고 열심히 연구만 하면 되었다. 평가는 같은 분야에서 연구하는 사람들이 담당했다. 농업기술 연구개발의 중앙행정기관인 농촌진흥청이 연구개발의 방향과 과제를 정하고, 결과에 대한 평가까지 주도했던 것이다. "진흥청은 선수와 심판을 겸하고 있다"는 비판이 정부 내에서 나왔다. 새로 개발한 신기술, 신품종, 신기종 기계가 농민들 사이에 인기가 없어도 별 문제가 되지 않았다. 그러나 농업 현장에서 계속 제기되는 불만을 막을 수는 없었다. 급기야 진흥청을 출연연구기관화 하겠다는 대선공약까지 제안되었으나, (또 다른) 농민들의 진흥청폐지 반대로 공약은 없던 것으로 되었다. 어떻게 해야 농촌진흥청과 도 농업기술원, 시군 농업기술센터, 각 지역의 특화연구소, 그리고 50개가 넘는 농과계 대학이 "피를 흘리는 연구"를 하게 될 것인가? 이런 문제를 풀어야 우리 농업의 국제경쟁력이 높아질 것이다.

압도적 경쟁력을 확보할 수 있는 원천기술을 개발해야 한다

영세한 우리 농업이 세계 최고의 경쟁력을 가지기 위해서는 다른 나라가 생각도 하지 못한 획기적인 기술이나 종자를 개발해야 한다. 현재의 영농방식, 현재의 경쟁구도 자체를 바꿀 수 있을 정도로 획기적인 기술이나 종자를 개발해야 한다.

획기적인 기술이나 종자는 한없이 깊고 창의적인 연구에서 나온다. 튼튼한 기초과학에서 나온다. 획기적인 기술이나 원천기술은 몇 년을 연구하더라도 당초에 기대했던 결과를 얻지 못하는 수도 있다. 반대로 전혀 생각지도 않게 나중에야 그 유용성이 빛을 발하는 연구도 있다. 눈에 보이는 성과를 지향하고, 시시콜콜한 기준으로 평가하고 통제해서는 한없이 깊고 창의적인 연구가 이루어질 수 없다.

최고의 연구자들이 자존심을 걸고 스스로 연구하고, 통제하게 해야 한다.

농가 맞춤 교육 · 현장 지도체제가 확립되어야 한다

어떤 분야든 경쟁력을 높이기 위해서는 기술개발과 함께 교육이 가장 중요하다는 것을 모르는 사람은 없을 것이다. 농촌진흥청이 조사한 단위면적당 농가소득을 보면, 그 차이가 엄청나다. 상위 20% 사과농가의 10a당 소득은 555만8천 원인데, 하위 20% 농가의 소득은 111만2천 원이다. 상위 20%농가의 소득이 5배나 높다. 배는 3.2배 높고, 촉성 딸기는 3.4배, 고추는 무려 9배나 높다. 양돈의 모돈 한 마리 당 비육돈 출하두수도 네덜란드(24두)보다 높은 농가가 있는가 하면, 평균인 14두에 못 미치는 농가도 상당히 많다. 1등 그룹과 5등 그룹을 비교해도 이런 차이가 나는데, 1등 농가와 꼴등 농가를 비교하면, 그 차이가 얼마나 크겠나?

모든 농가들이 개발된 신기술을 각자의 농장에 제대로 적용하여 농사를 짓게 하는 교육 및 현장지도 체제가 확립되어야 한다. 개별 농가들이 신기술을 확실하게 이해하고, 각자의 농장여건에 맞게 적용할 수 있도록 맞춤 교육과 지도를 해야 한다. 단순한 집합교육 몇 시간으로 끝나서는 안된다. 전문가에 의한 현장방문 지도도 병행해야 한다. 농가마다 기술에 대한 이해도가 다르고, 농장마다 재배여건이 다르기 때문이다. 농장의 재배여건을 사전에 점검하고, 영농일지도 반드시 적게 해야 한다. 개별농장의 문제를 정확하게 진단하고 사전에 해결하도록 함으로써 생산품의 품질을 균일화하고, 농가소득도 올릴 수 있게 해야 한다.

우리 농업이 살아남기 위해서는 농민들이 세계 최고의 기술과 노하우와 신품종을 가지고 농사를 짓지 않으면 안 된다. 우리나라의 연구 및 지도기관은 다른 나라보다 더 빠른 속도로 연구개발을 하고, 더 나은 방식으로 지도교육을 하지 않으면 안된다. 남은 문제는 어떻게 하면 이들 기관으로 하여금 세계 최고의 영농기술과 신품종을 개발하고, 보급하게 할 수 있는가? 누가 이런 변화를 이끌어낼 것인가? 이다.

2 생산한 농산물을 제값 받고 팔 수 있어야 한다

아무리 좋은 품질의 농산물을, 아무리 많이 생산하더라도 제값을 받고 팔지 못하면 농민에게는 아무 소용이 없다. 많은 농민들이 "대기업들처럼 우리 농민들도 농산물가격을 우리가 정할 수 있었으면 좋겠다"고 하소연한다. 엄밀히 말하면, 어떤 기업도 자기 마음대로 가격을 정할 수 없다. 일단은 시장에서 팔릴 수 있는 가격을 정하고, 그것도 안 되면 할인해서 팔아야 한다. 경쟁자가 있기 때문이다. 그렇다 하더라도 농사를 계속할 수 있는 값은 받아야 할 것 아닌가? 농민들의 절박하고도 소박한 소망이다. 그러나 이 소망은 철저하게 시장원리로 이루어내지 않으면 안된다. 농업이라고 해서, 농민이라고 해서 예외가 있을 수 없다. 어떻게 하면 농민들의 소망인 '제값'을 받을 수 있는가?

품목별로 '하나로' 뭉치는 수 밖에 없다

예를 들어 잘 나가는 대형마트에 납품을 하고자 할 때, 농민들이 우월한 입장, 또는 대등한 입장에 설 수 있느냐 하는 것이다. 아마 불가능하다고 생각하는 사람들이 많을 것이다. 대형마트에 납품하고 싶은 농민, 조합, 영농회사, 시군유통회사, 중도매인이 줄을 서 있기 때문이다. 우월한 입장은 고사하고 대형마트가 하자는 대로 할 수밖에 없는 구조다. 행사기간에는 원가 이하로 팔아야 한다. 대형마트와의 거래에서 이익을 볼 수 없다는 것은 거래를 해 본 사람은 다 알고 있다.

방법은 두 가지밖에 없다. 다른 농민들이 생산할 수 없는 것을 생산하거나, 같은 품목을 생산하는 농민들이 '담합'을 하는 것이다. 다른 농민들이 생산할 수 없는 품목이나 품질의 농산물을 생산할 수 있는 농가는 극히 드물다. 설사 그런 품목이나 품질의 농산물을 생산한다 하더라도 다른 농민들이 금방 따라할 것이다. 그러므로 보통 농민들은 품목별로 '하나로' 뭉치는 수밖에 없다. 거래조건 협상창구를 하나로 해야 한다. 농가끼리 경쟁하면, 절대로 제값을 받을 수 없다. 그렇게 해도 힘이 부치면, 다른 품목과도 연대를 해야 한다. 동네 작목반도 하나로 뭉치기 어려운데, 전국의 같은 품목 농민들이 '하나로' 뭉쳐야 한다? 이걸 누가 어떻게 이뤄낼 것인가가 문제인 것이다. 그러나 이 문제를 풀지 않고는 절대로 제값을 받을 수 없다!

소비자들에게 사랑받는 명품 농산물이 돼야 한다

탁월한 기술로 좋은 품질의 농산물을 생산해야 할 뿐만 아니라, 어떤 경우에도 소비자들을 실망시키지 말아야 한다. 농산물은 품질에 따라 철저하게 선별, 표시되어야 한다. 생산단계는 물론, 소비자에게 도달할 때까지 모든 과정에서 품질관리가 되어야 한다. 물류비용도 최대한 줄여야 한다. 효과적인 방법으로 우리 농산물의 가치를 홍보해야 한다. 수많은 농가들이 각기 다른 지역, 다른 농지에서 생산한 농산물을 '한 공장에서 찍어 낸' 공산품처럼 관리하고, 홍보하고, 판매해야 한다. 이 어려운 일을 누가 얼마나 효과적으로 잘할 수 있느냐, 이게 문제다. 강소농이 잘할 수 있을까? 지역조합이 잘할 수 있을까? 시군유통회사가 잘할 수 있을까? 조합연합판매사업단이 잘할 수 있을까? 농협중앙회 도매사업단이 잘할 수 있을까?

명품은 결코 저절로 만들어지지 않는다. 장기간에 걸쳐 치밀한 품질관리와 정교한 마케팅을 해야 한다. 지금 존재하는 조직으로 불가능하면, 새로운 조직을 만들어서라도 이 일을 해낼 수 있어야 한다.

명품 농산물이 되지 않고는 글로벌 경쟁시대에 살아남을 수 없다.

가공 · 수출 등 새로운 소비시장을 적극적으로 개척해야 한다

　시장 개방에 따라 '값싸고 품질도 꽤 괜찮은' 외국농산물은 계속 밀려들어올 것이다. 우리 농민들이 농업소득을 올리려면, 생산을 줄이기는커녕 더 많은 생산을 해서 제값에 팔아야 한다. 그러려면 기존의 소비 이외에 새로운 소비처와 시장을 개척해야 한다. 부가가치치가

높은 가공식품을 만들거나, 값이 비싼 명품으로 수출해야 한다. 지금처럼 밭떼기상이나 중도매인에게 넘기고 말아서는 우리 농산물이 명품이 될 수 없다. 지금처럼 바이어에게 넘기고 말아서는 수출국에서 우리 농산물이 명품이 될 수 없다. 아무런 홍보도 하지 않고 우리 농산물이 소비자들에게 알려질 수 없다. 공산품보다 더 품질관리를 잘하고, 홍보를 더 잘 해야 한다. 식품산업의 발전도, 한식의 세계화도 우리 농산물과 연계되지 않으면 큰 의미가 없다. 이 어려운 일을 누가 얼마나 효과적으로 할 수 있느냐, 이게 문제다.

'제스프리'를 능가하는 품목별 판매조합이나 회사를 만들어야 한다

농산물도 생산이 개별농장에서 이루어질 뿐 일반 공산품과 똑같은 경영체제를 확립해야 한다. R&D와 생산 및 품질관리, 국내 판매와 해외수출 등 모든 경영활동을 가장 효율적으로 해낼 수 있는 품목별 통합경영체제를 구축해야 한다. 자동차나 전자제품을 생산하고 판매하고 수출하는 회사보다 더 사업을 잘하는 체제를 구축해야 한다. 뉴질랜드 키위농민들의 '제스프리'나, 덴마크 양돈농가들의 '대니시 크라운', 미국 오렌지농가들의 '썬키스트', 종합농산물유통회사 돌(Dole)보다 더 사업을 잘하는 회사나 조합을 만들어야 한다. 그들보다 더 단단한 품목별 농민조직을 만들어야 한다. 그렇게 하지 않고는 우리 농산물을 세계적인 명품으로 자리매김하게 할 수 없다.

농협에 있는 그 많은 인재와 돈을 사용하여 세계적인 농산물판매

수출회사나 조합을 만들어야 한다. 농협을 완전히 재편하다시피 해야 할 것이다. 임직원들을 완전히 재교육해야 할 것이다. 조합 임직원들의 저항은 엄청날 것이다. 농사가 별로 중요하지 않은 유사 농민 조합원들의 반대도 만만찮을 것이다. 그러나 우리 농산물이 제값을 받으려면 이 모든 과제를 해결해야 한다!

3 직불금 등 정부 지원을 많이 이끌어내야 한다

우리 농업은 영농규모가 작다. 품질을 고급화하고, 유통을 개선하더라도 삶의 질을 보장할 수 있는 소득을 올리기 어렵다. 그렇다고 시장원리에 따라 구조조정이 되도록 내버려둘 수 없다. 농업과 농산업에 종사하는 사람들에게 더 나은 일자리와 더 나은 집을 제공하는 것이 어렵기 때문이다. 뿐만 아니라 농업은 시장가격에 반영되지 않는 다원적인 기능을 수행하고 있다. 대부분의 선진국이 막대한 보조금을 지급해서라도 농업을 유지하는 이유가 여기에 있다.

FTA 효과의 가시화, 농업소득은 계속 줄어들지 모른다

우리 농가의 농업 소득은 늘어나기는커녕 매년 줄어드는 추세다. 2008년에는 965만원, 2009년 970만원, 2010년에는 1010만원으로 1

천만 원 수준에 정체되어 있다. 특단의 대책이 없으면, 농업소득은 크게 줄어들지 모른다. 왜냐하면, 시간이 감에 따라 한·칠레FTA, 한·EU FTA, 한·미FTA 등 그간에 체결한 농업강국과의 자유무역협정의 효과가 가시화될 것이기 때문이다. 쌀을 제외한 모든 농산물이 수입자유화되었지만, 비교적 높은 관세로 사실상 수입이 제한되고 있던 중요 농산물의 가격이 내려갈 것이 뻔하기 때문이다.

관세가 내려감에 따라 '상당히 좋은 품질'의 농수축산물이 비교적 싼값에 들어오게 될 것이다. 해당 품목의 가격은 물론이고, 소비가 대체될 수 있는 다른 농산물의 가격까지 내려갈 것이다. 여기에 외국 농수축산물 수출회사들의 적극적인 마케팅으로 우리 국민들의 수입 농수축산물에 대한 부정적 인식도 달라질 것이다. 우리 농산물에 대한 특별한 호감과 수요도 그만큼 줄어들 것이다. 뿐만 아니라, 농자재가격은 올라가고, 병해충은 빈발해지고, 기상재해도 잦을 것이다.

따라서 직접지불제 등 농민들의 소득을 보완할 수 있는 정부정책이 반드시 시행되어야 한다. 시장 개방으로 농산물가격을 끌어내리는 힘이 점점 커질 것이기 때문이다. "가격이 10% 이상 떨어졌을 때, 떨어진 가격의 90%를 보전한다" 하더라도 농업소득은 계속 줄어들 수밖에 없다. 줄어든 소득의 일부만 보상하기 때문이다. 그러므로 줄어드는 농업소득을 보전하는 것은 물론 또 다른 소득보전책이 있어야 한다. 그래야 도시와 농촌 간에 적절한 소득균형이 이뤄질 수 있다.

"WTO규정 때문에 농업, 농민을 지원할 수 없다"는 말은 핑계에 지나지 않는다. 농업 생산을 늘리는 지원금이 아니면 문제가 없다. 그래서 고정직불금을 늘리자고 하는 것이다. 기상재해나 병해충 피해를 입었을 때, 원상복구를 하고 잃어버린 소득을 보전해주는 것은 아무런 문제가 없다. 생산증가와 연결되지 않은 농가지원책은 얼마든지 만들어낼 수 있다. 농업관련 사고 및 질병에 대한 지원, 자녀 학자금과 하숙비 지원, 주거환경개선 지원, 후계농 정착금 지원, 은퇴농업인 지원 등 얼마든지 만들어낼 수 있다. 찔끔 찔끔 형식적으로 지원할 게 아니라 실제 필요한 만큼 지원한다면, 농민들의 삶의 질은 얼마든지 높일 수 있다. 농업소득이 크게 늘지 않아도 농촌에서 농사짓는 것이 별로 나쁘지 않게 할 수 있다.

4 직판·민박·체험농업 등 농외소득사업을 잘해야 한다

나라 경제의 발전으로 국민소득이 높아지면, 농가소득도 계속 높아져야 한다. 그렇지만 농업소득도, 정부 지원도 농가가 바라는 만큼 충분히 높아지기는 어렵다. 다행스럽게도 직판·민박·체험농업 등 농외소득사업의 기회가 많아지고 있다. 시장 개방이 아무리 된다 해도 자연환경과 체험현장을 대체할 수는 없다. 오히려 외국인들이 우리의 농촌을 찾게 될 것이다.

실제 체험농업, 민박, 가공식품, 농산물 직판 등 농외소득사업에서 큰 성공을 거두고 있는 농가가 많아지고 있다. 전국적인 이름을 날리고 있는 체험농업마을이 한 둘이 아니다. 독일, 프랑스 등 유럽 선진국 농가들은 민박·체험농업 등 농촌휴양관련 농외소득이 농가소득의 3분의1 이상을 차지한다고 한다. 앞으로 그 비중이 더 커질 전망이다. 우리나라에도 자연 속의 농촌에서 휴식을 취하고, 아이들과 여러 가지 체험을 하고자 하는 도시인들이 많아지고 있다.

'올레길' '둘레길' '자전거길'이 전 국토를 연결하고 있다. 여유롭게 아름다운 자연과 농촌을 느껴보려는 사람들이 많아지고 있다. 잘 아는 농민, 믿을 수 있는 농민으로부터 신선하고 품질 좋은 농산물을 직접 사고자하는 소비자가 많아지고 있다. 인터넷의 발전으로 도시인과 직접 소통할 수 있고, 택배산업의 발전으로 소비자에게 농산물을 직접 배송할 수 있게 됐다.

농외소득사업-자연과 정(情)과 신뢰가 기본

'농촌관광사업'은 '농촌을 휘 둘러보고 구경하는 사업'이 아니라, '농가에서 먹고 자고 쉬면서 재충전하는 휴양사업'이어야 한다. 그래야 농가에 소득이 떨어지고, 농민과 도시인이 소통을 하고, 인연을 이어갈 수 있다. 그런데도 우리는 '70억 원을 들여 3~5개 마을을 권역으로 개발사업'을 벌이고 있다. 자연을 헤집어서 자연공원을 만들고, 콘크리트와 아스팔트로 이 마을 저 마을을 연결하는 새 도로를 만들고, 회관 짓는데 수십억 원을 쓰고 있다. 사업의 기획에서부터 시공까지 농어촌공사가 맡아서 붕어빵 종합개발을 하고 있다는 비판이 끊이지 않는다. 마을 내에서의 협력도 쉽지 않은데, 3~5개 마을이 공동사업을 하면서 말이 없을 수 없다.

자연만 헤집어 놓는 붕어빵 종합개발로는 성공할 수 없다

도시인들이 '불편한' 농촌을 찾는 이유는 자연과 정이 있기 때문이다. 뭔가 특별한 자연환경, 역사와 전통문화, 체험과 놀이, 그리고 마을과 주인집의 분위기가 있기 때문이다. 분위기를 결정하는 것은 결국 사람의 정이다. 계산을 앞세우면 성공할 수 없다.

그렇다 하더라도 먹고 자고 쉬는데 특별한 불편함은 없어야 할 것이다. 조리 요령과 위생관념도 새롭게 해야 한다. 편안하고 청결한 잠자리도 제공할 수 있어야 한다. 고객 응대의 마음자세와 노하우도 다듬어야 한다. 많은 성공과 실패사례에서 자기만의 아이디어와 노하우로 특별한 매력을 만들어내야 한다. 그러려면 집집마다 동네마다 창의성을 발휘할 수 있는 수준 높은 교육과 컨설팅을 해줄 수 있는 전문가와 조직이 필요하다. 시설과 서비스에 대해 신뢰할 수 있는 정보를 제공하는 '인증기관'도 있어야 한다. 민박에 편리하도록 농가 주택을 새로 짓거나, 크게 '리모델링'할 수 있는 정책도 수립돼야 한다. 민박시설이 농촌휴양사업의 기본시설이 되어야 하기 때문이다. 농민도 쾌적한 주택에서 살 수 있어야 한다.

5 농민은 '만능기술자'가 돼야 한다

농민들은 철공, 목공, 토목, 전기, 농기계 및 자동차 수리, 축사신축 등 엔간한 일은 자가 노동으로 할 수 있어야 한다.

농업을 경영하고, 농가주택을 관리하며 살아가는 데는 할 일이 너무 많다. 일일이 남의 손을 빌려 하려다간 돈은 돈대로 들고, 제 때에 하지도 못하게 된다. 비용과 손해가 이중 삼중으로 들고 속이 상하게 될 것이다. 선진국이 될수록 인건비가 비싸지므로 비용과 고통은 두 배가 될 것이다. '만능기술자'가 되면, 지출을 줄일 수 있을 뿐만 아니라, 농한기에 농외취업도 할 수 있다. 농민이 '만능기술자'가 되어야 하는 이유는 돈과 시간 때문만이 아니다.

내가 방문했던 독일의 농가는 축사를 민박시설로 개축하는 일을 부부가 다 했다고 했다. 그러니 일반 농사에 대해서는 물어보나 마나다. 명장 농업인(마이스터)의 역량과 자부심에 고개가 숙여졌다. 농민에 대한 인식이 바뀔 수밖에 없다.

'만능기술'을 가르칠 전문교육훈련기관이 있어야 한다

농민들이 자기가 배우고 싶은 기술을 쉽게 배울 수 있도록 해주어야 한다. 멀지 않은 곳에 전문교육훈련기관이 있어야 한다. '자부담이 어쩌고 저쩌고'하는 얘기는 없어야 한다. 교육훈련은 무상으로 해야 한다. 농업을 시작하는 젊은이는 '만능기술교육훈련과정'을 거칠 수 있게 해야 한다. 이런 과정을 이수한 프로 농업인에게는 자격증과 함께 관련 정책사업을 할 수 있는 우선권이 주어져야 한다.

농업경영도, 가계운영도 보다 계획적으로 해나가야 한다

지금의 농가경제는 대개 농업경영과 가계운영이 혼합되어 있다. 농가의 경제규모가 커지고, 복잡해질수록 계획적인 관리가 중요해진다. 영농규모가 크면 큰 대로, 작으면 작은 대로 미리 계획을 세우고 준비를 해야 한다. 재산이 많으면 많은 대로, 적으면 적은대로 미리 준비하고, 관리를 해야 한다. 문제점을 발견하고 개선하는데 가장 좋은 방법은 기록하는 것이다. 당연하게 생각했던 곳에서 의외의 문제를 발견할 수 있을 것이다. 물론 믿고 상담할 수 있는 전문상담소도 있어야 한다.

6 농협 수익, 한껏 키워 농민에게 배당해야 한다

우리나라는 법으로 산업자본이 은행을 지배하지 못하게 해놓았다. 농협은 산업자본이기도 하고, 금융자본이기도 하다. 그렇지만 농협은 이념적으로나 법적으로나 농민의 것이기 때문에 예외다. 중앙회와 조합의 신용사업부문을 합했을 경우의 'NH농협은행'은 우리나라 최대의 은행이 된다. 농협의 사업장은 종류도 다양할 뿐만 아니라 전국 방방곡곡 없는 곳이 없다. 대형유통업체와 슈퍼 체인도 있고 비료회사, 화학원료회사도 있다. 이런 자회사가 중앙회에만 25개나 된다. 이 엄청난 '금산복합기업그룹'의 주인이 농민조합원이다! 기업은 주인과 주주에게 이익을 가져와야 한다. 주인인 조합원들은 당연히 농협의 각종 사업에 적극적으로 참여해 더 큰 수익을 창출하게 하고 그 수익을 배당받아야 한다.

거대한 농협 수익, 임직원들이 거의 다 쓰고 있다

중앙회와 조합을 합한 농협 전체의 신용사업은 2007년에 3조 원이 넘는 수익을 냈다. 임직원들의 그 많은 연봉을 지불하고, 신용사업을 잘못하는 조합의 적자까지 다 감안한 수익이다. 농가당으로 따지면 거의 300만원이나 된다. "이렇게 많은 수익을 어디다 어떻게 쓰고, 환원수익은 겨우 '비료 몇 포대'가 전부인가?" 이해가 되지 않을 것이다.

이렇게 된 첫째 이유는, 2007년 농협 전체 신용사업수익 3조 원 중 약 절반은 조합의 신용사업수익인데, 농민조합원이 대부분인 농촌조합은 신용사업에서도 거의 수익을 못 내고 있기 때문이다. 반면에 농민조합원은 거의 없고, 비 농민조합원이 득세하고 있는 도시조합은 수익이 넘쳐난다. 여기서는 핑계가 없어서 돈을 못 쓰고 있는 상황이다.

두 번째 이유는, 3조원의 절반인 중앙회의 수익은 조합원이 아니라, 조합에 배당이 되고 지원되기 때문이다. 출자배당이나 무이자지원금으로 조합에 지원이 되면, 조합 운영비에 보태어져 우선 쓰게 된다. 수익이 괜찮은 조합에서는 임직원들의 성과급을 높여주게 되고, 수익이 나쁜 조합에서는 임직원들의 연봉을 깎지 않고 정상 지급하는 것이다. 또한 부실조합을 연명시키는 자금이 되어 그들의 일자리를 유지하게 된다. 그러고도 남는 수익이 조합원들에게 환원되는 것이다. 쥐꼬리만 남을 수밖에 없는 구조다. **농협의 그 엄청난 수익이 결국은 임직원들의 월급과 상여금으로 대부분 다 쓰이는 셈이다.** 그래서 농민들에게는 '비료 몇 포대'가 전부인 것이다. 말로는 농협의 주인이 농민이라고 하면서 실제로는 임직원인 것을 여기서도 확인할 수 있다.

그렇지만 정부와 국민은 농협을 농민의 것이라 생각하고 특별대우를 하고 있다. 농협으로서 당연히 해야 할 사업에도 정부가 정책자금을 지원한다. 민간이 더 나쁜 조건에 하겠다고 해도 끼워주지 않는다. 다른 은행들이 꿈도 꾸지 못하던 때부터 농협공제란 이름으로 보험사업을 하게 했다. 또한 정부나 지방자치단체 등 공공기관들은 그 많은 예산을 '금리가 낮은' 보통예금으로 농협에 예치하기도 하고, 청사구내에 지점을 설치하도록 특별대우를 했다. 자연스럽게 공직자들은 농협과 거래를 하고 농협카드를 쓰게 되는 것이다. 다른 은행들이 얼마나 부러워하겠는가? 이렇게 농협을 특별대우 하더라도 별로 문제가 되지 않는다. 이익이 나더라도 농민에게 이득이 된다고 생각하기 때문이다. 일반국민들도 마찬가지다. 같은 값이면 농협을 이용한다. 이익이 나더라도 농업과 농민을 돕는 것이 된다고 생각하기 때문이다. 그런데도 일부 질 나쁜 임직원들은 자기들이 현재의 농협을 이루었지, 농민들이 기여한 것은 없다고 윽박지르기도 한다.

적자에 허덕이는 경제사업장, 밑 빠진 독에 물 붓기

한편, 수많은 경제사업장들은 전체적으로 적자를 내고 있다. 그래서 중앙회나 조합이나 가급적이면 경제사업을 하지 않으려 한다. 그렇지만 경제사업이 왜 적자가 나는지, 그 원인이 무엇인지에 대해 따지는 사람이 없다. 어째서 뉴질랜드에 적을 둔 제스프리는 제주도 키위농가들에게도 제값을 쳐주고, 주주인 농민들에게 수익을 배당까지 하고 있는지? 어째서 민간 유통업체들은 순전히 자기부담으로 시설을 하고, 판매사업을 해서 수익을 남기는지? 따져보는 사람이 없다.

간혹 '농협의 직원은 민간기업의 두 배나 되지만, 생산성은 절반밖에 안 된다'고 비판하는 조합 임원이 없지 않다. 하나로마트 등 자회사 임직원의 월급은 같은 업계보다 훨씬 높다고 한다. 그렇지만 하나로마트 임직원들은 중앙회에서 파견 나온 같은 직급 직원들에 비하면, 월급이 턱없이 작다고 불평하고 있다. 이들은 결국 신용사업수익을 갉아먹고 있는 셈이다. 정부 지원이 없으면 경제사업을 할 수 없다고 아우성을 치고 있는 것이다. 그렇지만 지금과 같은 자세로 경제사업을 하는 한 정부 지원은 밑 빠진 독에 물 붓기가 되고 말 것이다.

해마다 늘어나는 농협의 '억대 연봉자'

신경분리를 한 후, 농협중앙회가 첫 번째로 한 일은 임원들의 자리를 거의 두 배로 늘리는 것이었다. 임원인 상무의 숫자가 몇 년 전 부장 수준으로 많아졌다. 임직원들의 연봉은 농업과 농민의 어려움과 상관없이, 조합원 농민의 뜻과 상관없이 매년 올라가고 있다. 2010년 말 기준 억대 연봉자는 중앙회에 662명, 조합에 3,054명이라 한다. 숫자도 급격하게 늘어나고 있다. 전년에 비해 중앙회는 158%, 조합은 40.9%나 늘어났다. 2011년에는 얼마나 늘어났으며, 2012년에는 얼마나 늘어날지 알 수 없다.

'농민은 빚잔치, 농협은 돈잔치'를 하고 있다는 비판이 나오는 것도 무리가 아니다. 뿐만 아니다. 자회사의 경영진도 이사회 추천 등의 형식을 거치고 있으나, 실제로는 '중앙본부 마음대로'다. 자회사의 임원 자리가 낙선한 조합장이나, 퇴직하는 중앙회 임직원들이 거쳐 가는 자리로 활용되고 있다. 이렇게 경영을 하고도 수익을 낸다는 게 이상하지 않은가?

농협의 모든 사업장으로 하여금 경영을 제대로 하게 해야 한다. 큰 수익을 내게 해야 한다. 그 많은 신용사업장과 경제사업장을 전체 농민의 입장에서 사업 목적에 맞게 재편하고 제대로 경영한다면, 얼마나 더 많은 수익을 낼 수 있을지 알 수 없다. 여기에 농민조합원들이 진짜 내 조합이라는 생각을 가지고 농협의 그 많은 사업장을 적극 이용하면, 그 효과가 얼마나 더 커질지 알 수 없다. 농민조합원들이 적극적으로 나서면, 정부와 지방자치단체, 공기업이 농협을 더욱 특별한 대우를 하지 않을 수 없을 것이다. 일반국민들도 농협을 더 적극적으로 이용하고 성원하게 될 것이다. 신용사업과 경제사업에서의 농협 수익이 상상하기 어려울 정도로 커질 수 있다는 얘기다. 이렇게 얻은 그 많은 수익은 진짜 조합원을 위해 투자되고 배당돼야 한다.

농협 수익, 조합원에게 직접 배당해야 한다

전체 농협사업이 제대로 경영될 경우, 2007년 신용사업에서 냈던 3조원의 수익에다 추가로 1,2조원의 수익을 내는 것이 어렵지 않을 것이다. 한 농가당 평균 300만원 내지 500만원의 수익이 어렵지 않다는 얘기다. 이 많은 수익을 진짜 농민에게 돌려야 한다. 조합을 거치며 없어지게 해서는 안된다. 농민도 아닌 사람들이 포식하게 해서는 안된다. 절반은 미래를 위해 투자하고, 절반만 배당 받는다 하더라도 농가 경제에 얼마나 큰 도움이 되겠는가? 농민들의 주인의식이 얼마나 확고해지겠는가? 농협을 중심으로 농민들이 얼마나 단단하게 뭉치겠는가? 과잉생산과 가격폭락, 생산조정과 판매문제와 수출문제? 걱정할 필요가 없을 것이다. 농민의 뜻이 담긴 정책 개발? 걱정할 필요가 없을 것이다. 농민들은 농업문제 전체를 주인의식을 가지고 풀어나가게 될 것이다! 국민도 정부도 농업문제에서 한숨을 돌릴 수 있을 것이다!

농협 스스로 그 막강한 기득권을 포기하지 않을 것이다

문제는 '농업과 농민에게 이익이 된다고 해서 농협의 조직과 경영체제를 전면 재편할 수 있는가?'하는 것이다. 농협의 현재 체제를 유지하려는 세력은 막강하다. 경제력과 조직력과 정치력을 가지고 있다. 역대 대통령이 나서도 바꾸지 못했다. 그 많은 임직원들이 누리고 있는 '실질적인' 농협 주인으로서의 부와 권력을 조합원 농민의 것으로 바꾸는 것이 얼마나 어렵겠는가? 조합장과 중앙회장이 누리고 있는 그 엄청난 권력과 부를 그들 스스로 내려놓는 개혁을 추진할 수 있겠는가? 그 좋은 자리를 노리는 수많은 농민지도자들의 야망을 어떻게 포기시키겠는가? '넘쳐나는' 도시조합의 수익이 어떻게 진짜 농민 조합원에게도 배분되도록 할 수 있겠는가? 헌법상 보장된 재산권 침해라고 반발하는 도시조합을 어떻게 이해시키겠는가? 누가 이렇게 어렵고도 많은 일을 해낼 수 있겠는가?

3 편농(便農) · 안촌(安村)의 꿈을 위해

　농사짓기가 편해지려면, 영농을 기계화하고 시설을 자동화해야 한다. 필요한 영농인력을 쉽게 조달할 수 있어야 한다. 농촌생활이 좀 더 편해지려면, 농촌의 생활여건이 개선돼야 한다. 농업·농촌에 대한 정부 투자와 제도적인 지원이 많아야 한다는 얘기다. 뿐만 아니라, 농업·농촌을 위해 일하게끔 되어 있는 사람과 조직도 진정으로 농업과 농민을 위해 일하게 해야 한다. 어떻게 하면, 농업·농촌에 대한 정부 투자와 정책적인 지원을 많이 이끌어낼 수 있을까? 어떻게 하면 농업·농촌을 위해 쓰이게 되어 있는 돈을 제대로 쓰이게 할 수 있을까? 어떻게 하면 농업·농촌을 위해 일하게 되어 있는 사람과 조직이 제 역할을 다하게 할 수 있을까? 이렇게 어려운 일을 누가 나서야 이룰 수 있을까?

1 많은 정부투자와 제도적인 지원을 이끌어내야 한다

농사는 예부터 고된 육체노동의 대명사였다. 논밭 갈고 씨 뿌리고 비료 주고 농약 치고 수확하는, 이 많은 일을 농민이 직접 해내야 한다. 힘들다고 쉬어가며 할 수 없다. 때를 놓치면 안 되기 때문이다. 그런데 영농규모는 점점 커지고 일할 사람 구하기는 점점 더 어려워지고 있다. 기계화하고 자동화하지 않을 수 없다. 뿐만 아니라 시설이 현대화되어야 생산성도 높고, 병해충과 질병의 피해도 줄일 수 있다. 그런데 농기계 값과 시설 설치비는 비싸다. 농업의 수익성은 낮다. 시장 개방으로 더 낮아지고 있다. 투자는 빚이 되기 십상인 구조다. 농민이 감내할 수 있는 수준의 정부 지원은 있어야 한다. 최소한 투자가 빚이 되게 해서는 안된다.

시설 현대화 · 부족한 영농인력 지원은 필수

가뭄과 홍수를 예방하기 위한 수리시설은 기본이다. 경지정리가 잘 되어 있어야 농기계를 쉽게 이용할 수 있다. 농산물을 저장하고 수송하기 위한 창고와 차량이 있어야 하고, 농로가 잘 되어 있어야 한다. 생산한 농산물을 편리하게 거래할 수 있는 도매시장이 있어야 한다. 100% 정부 재원으로 할 수밖에 없는 사업들이다. 제대로 하려면 많은 정부 지원이 필요하다.

기계화를 하더라도 일손은 필요하다. 영농인력을 원활하게 공급하는 체제를 구축하는 것은 농업과 농민을 위해서도 필요하지만 도시인을 위해서도 필요하다. 도시에서는 실업자가 넘쳐나고, 농촌에서는 사람이 없어서 농사를 못 짓는 모순을 해결해야 한다. '희망근로'라는 이름 아래 일다운 일도 하지 않고 세금만 쓰는 실업대책에 대해 농민들도 납세자들도 이해하지 못하고 있다. 방황하고 있는 실업자, 젊은 나이에 전역한 직업군인, 탈북자 등 치열한 도시 삶에 적응하지 못해 고통 받고 있는 사람이 적지 않다. 이런 사람들에게 영농작업 요령을 가르치고, 보조금을 추가로 지급해서라도 영농작업 지원에 나서게 해야 한다. 농촌의 부족한 인력문제와 도시의 실업문제를 동시에 해결할 수도 있을 것이다. 경험을 쌓으면 농사를 짓겠다고 나서는 사람도 있을 것이다.

　이 외에도 농촌의 생활여건을 개선하고, 농촌 생활의 불리한 점을 보충해 주어야 한다. 아이들이 교육의 질에서나, 하숙비 등 교육비 부담에서나 도시 아이들에 비해 불리하지 않아야 한다. 응급환자는 신속한 처치와 진료를 받을 수 있는 체제가 확립되어야 한다. 상하수도, 교통, 통신 등 생활기반시설의 이용에서 도농 간에 차별이 없어야 한다. 농어촌 학생들의 학자금을 면제하고 농어촌학생을 위한 특별전형제도도 시행하고 있다. 그렇지만, 여전히 농민들은 아이들 교육 때문에 농촌을 떠나고 있다. 도시 아이에 비해 아직도 많이 불리하다는 얘기다. 다른 생활여건도 도시에 비해 많이 열악하다. 농촌에

사는 것이 불리하거나 불편하지 않도록 많은 정부투자가 이뤄지고, 많은 제도적인 지원이 있어야 한다.

2 농업이 확보한 예산과 사람, 제대로 쓸 수 있게 해야 한다

한·미FTA 비준 이후 모 일간지는 "UR이후 농업, 농촌에 206조 원을 투입했다"고 했다. 많은 언론과 경제관료들이 "농업에 돈을 쏟아 붓고 있다"는 비판을 하고 있다. 그러나 정작 농민들은 "피부에 와 닿는 정책이 없다"고 불만이다. 그 많은 돈을 어디다 어떻게 썼기에 농민들도, 국민들도 불만인가?

그동안 농민운동은 농업과 농민에 대한 정부 지원을 늘려달라는 데만 집중했다. '늘어난 돈'이 누구에게 어떻게 쓰는지에 대해서는 별다른 문제 제기를 하지 않았다. 그렇지만 이미 확보하고 있는 예산은 추가되는 예산과 비교할 수 없을 정도로 크다. 농민들이 하나로 뭉쳐서 '투쟁'하더라도 1조원의 재원을 추가로 확보하기 어렵다. 2011년 예산은 겨우 5천억 원 늘어났다. 이에 비하면, 우리 농업·농촌·농민을 위해 이미 확보되어 있는 재원은 엄청나게 크다. 중앙정부의 2011년 농림수산예산은 18조 원에 이르고, 각 도에는 수천 내지 수백억 원이 넘는 농업예산이 있고, 시군지자체에도 수십 내지 수백억 원의 농업예산이 있다.

확보한 예산 집행, 현장 농민들의 뜻과 판단이 반영돼야 한다

농업계가 확보한 예산을 어디다 어떻게 쓸 것인지에 대해 농업계의 생각이 반영될 수 있어야 한다. 특히 농민들의 뜻과 농민들의 판단이 반영될 수 있어야 한다. 왜냐하면 농민들은 농업문제의 진정한 이해당사자이고, 농업 현장을 가장 잘 아는 사람이기 때문이다. 뿐만 아니라 확보된 예산이 남의 돈이 아니라, 농민들이 의논해서 쓸 수 있는 돈이라 생각한다면, 농민들의 태도도 크게 달라질 것이다. 함부로 쓰지도 않고 누수가 되게 하지도 않을 것이다. 그러므로 공무원들이 일방적으로 주도하고 있는 농업예산의 수립 및 집행 체제를 농민과 함께 협의하여 수립하고 집행하는 체제로 바꾸어야 한다.

정부에만 돈이 있는 게 아니라, 농협에도 매년 수 조원의 돈이 있다. 정부로부터 나오는 돈은 정부와 협의해서 써야 할 돈이지만, 농협에서 나오는 돈은 순수 농민의 돈이다. 농민들이 마음대로 쓸 수 있다. 수익을 크게 내도록 하여 투자도 하고, 주인인 농민에게 배당도 하게 해야 한다.

농업·농촌·농민을 위해 쓰게 되어 있는 돈이 '농민의 뜻'에 따라, '조합원의 뜻'에 제대로 따라 쓰이게 하려면, '농민의 뜻' '조합원의 뜻'이 명확해야 한다. 문제는 '농민의 뜻'이, '조합원의 뜻'이 품목·지역 · 계층, 그리고 이념에 따라 제 각각이라는 것이다. 중구난방 농민의 뜻을 하나로 수렴하여 한 목소리를 내야 한다. 한 목소리를 내는 것만으로 부족하다. 필요하면 함께 행동해야 한다.

농업 · 농민을 위한 기관 · 단체의 운영, 농민이 주도해야 한다

우리 농업계는 다양한 분야에 걸쳐 많은 전문 인력을 확보하고 있다. 농협에는 '10만의 임직원'이 있고, 농어촌공사에 6천 여 임직원, 유통공사에는 700여 임직원이 있다. 진흥청과 기술센터, 국공립연구원에 1만 명이 넘는 연구 및 지도인력이 있다. 50개 농과계 대학과 전문학교가 있다. 농림수산식품부와 그 산하기관, 각 지방자치단체에는 수천 명이 넘는 농림수산공무원이 있다. 이 많은 전문인력이 우리 농업 · 농촌 · 농민을 위해 일하고 있다. 그러나 이들이 이루어낸 결과가 지금의 우리 농업 · 농촌 · 농민이다. 누가 이들이 최선을 다 했다고 생각하겠는가?

공무원들은 늘어나는 사업비와 업무량을 주체하지도 못하면서 지방자치단체나 민간조직과 권한과 책임을 나누는데 소극적이다. 농협은 농업과 농민 문제는 정부에 미뤄놓고 '돈장사'에 몰두하고 있다는 비판을 받고 있다. 연구기관들은 녹색혁명 이후 우리 농업경쟁력의 돌파구를 여는 획기적인 연구결과를 내놓지 못하고 있다. 일선의 그 많은 연구지도기관들은 앞선 농민들로부터 배울 게 없다는 비판을 받고 있다. 일선의 농업관련 기관들은 현장의 농민들보다는 그들의 명줄을 잡고 있는 위만 쳐다보고 있다. 농업문제가 풀리지 않고 있어도 모두들 자기 책임은 아니라는 듯 아무런 문제의식이 없다. "우리 농업은 원래 영세한데다 시장개방이 되고 있으니 어려울 수밖에 없다"고 생각하고 있다. 그래도 그들의 자리는 안정되어 있어서 살아가는데 별다른 지장이 없다. 오히려 사업비가 늘어나고, 조직이 커지고, 권한이 커지기도 한다. 반면에 농민들은 치열한 글로벌경쟁을 몸으로 부딪치며 불안한 삶을 살아가고 있다. 농업·농민을 위해 일하는 사람들의 삶과 우리 농민들의 삶이 너무나 다르게 전개되고 있다. 문제를 보는 시각이 다를 수밖에 없고, 절박함이 있을 수가 없다.

농업관련 기관·단체의 지배구조를 대혁신 해야 한다. 농업 현장과 농민을 홀대하면서 중앙과 높은 사람만 쳐다보는 농업관련 기관·단체의 지배 및 운영체제를 '지역농민 중심'으로 바꾸어야 한다. 농업관련 기관·단체의 운영에 농민의 대표가 적극적으로 참여하여 농업의 어려움, 농민의 어려움을 자기들의 문제처럼 생각하고 해결하도록 만들어야 한다. 농협, 공사 등 지역의 대 농민서비스기관의 지배구조를 이사회 중심체제로 바꾸고, 이사회를 지역의 농민대표들이 주도할 수 있게 구성해야 한다. 지역의 농업관련 기관·단체들이 진정으로 농민과 함께하는 조직이 되게 해야 한다.

정책은 정치적인 '파워 게임'의 결과다

농업·농촌·농민에 대한 투자를 늘릴 것인가, 말 것인가? 농업·

농촌·농민에 대한 제도적인 지원을 늘릴 것인가, 말 것인가? 농업관련 예산의 수립과 집행에 농민의 뜻을 반영할 것인가, 말 것인가? 농업관련 기관·단체를 농민 중심으로 운영할 것인가, 말 것인가? 농협의 그 많은 수익이 임직원을 위해 쓰이도록 할 것인가, 진짜 농민조합원을 위해 쓰이도록 할 것인가? 이 정책과제들이 어떤 방향으로 결론이 나느냐에 따라 우리 농업·농촌·농민의 운명이 달라질 것이다.

민주주의국가에서 중요한 정책은 결국 정치적으로 결정된다. 정책을 입안하고 집행하는 사람은 공무원이지만, 어떤 정책을 채택할 것인지를 최종적으로 결정하는 사람은 정치인이다. 정치인들은 '표를 먹고 사는 사람들'이다. 합리성도 중요하지만, 현실적으로 더 중요한 것은 표이다. 득표에 도움이 된다고 생각하면, 앞뒤를 가리지 않는다. 곧 밝혀질 거짓말도 서슴지 않고, '말도 안 되는 사업'을 공약하기도 한다. 수천억 원씩 퍼부어 만든 후 비행기도 뜨지 않는 공항, 건설하자마자 뜯어내야 한다는 경전철, 당초 예상에 비해 턱없이 모자란 수요 때문에 계속 돈을 퍼부어야 하는 민자 건설시설 등 이런 '말도 안 되는 사업'들이 시행되는 이유가 여기에 있다.

국회 내에서의 조정은 얼마나 힘센 국회의원이 관심을 가지고 있는가, 몇 사람의 의원이 관심을 갖는가가 중요하다. 대통령과 국무위원, 그리고 국회의원들은 기본적으로 정치인이다. '힘 있는' 이익단체와 여론의 동향에 민감할 수밖에 없다. 특히, '힘 있는' 이익단체가 한

목소리로 요구하면, 국회의원들은 꼼짝 못한다.

"국민 83%가 찬성하는" 감기약 슈퍼마켓 판매법이 결국에는 자동 폐기 되는 쪽으로 가닥이 잡혔다. 여론이 그렇게 질타를 하고, 정부가 요청해도 소용이 없었다. 약사회는 꿋꿋했고, 의원들은 그들 앞에 무릎을 꿇은 꼴이다. 의사회도 못지않다. "제약회사로부터 받는 리베이트는 시장원리"라며 계속 받겠다고 했다. 국민들도 의사회, 약사회가 아무리 마음에 안 들어도 별 수가 없다. 아프면 병원에 가지 않을 수 없고, 약을 사려면 약국에 가지 않을 수 없기 때문이다. 강력한 이익단체, 독점적인 이익단체의 위력은 횡포에 가까울 정도다.

300만 농민의 정치적 영향력을 키워야 한다

한·미 FTA로 농업이 가장 큰 타격을 받을 것이라고 모두들 걱정하고 있다. 정부는 한·미 FTA대책으로 10년간 22조 원을 투입하는 계획을 세웠다고 했다. 그렇지만 2012년도 농림수산 총예산액은 2011년 17조 6008억 원에서 18조 1322억 원으로 겨우 3% 늘어났다. 10년 동안 22조원을 추가로 투입하는 게 아니라, 대부분의 재원을 기존의 농업예산 내에서 적당히 조정한다는 얘기다. 윗돌 빼서 아랫돌 괴는 식이라는 비판을 면할 수 없다. 세계 최강의 농업선진국인 미국·유럽연합(EU)과 무한경쟁을 하게 된 농업분야, 지금도 어려운 300만 농민들에게 닥칠 어려움을 특별히 고려했다는 게 이 모양이다. 300만 농민들의 정치적인 영향력이 이 정도밖에 안 된다는 얘기다. 그 많은 농민단체들의 드높은 목소리도 별로 효과가 없다는 얘기다. 농민들의 정치력이 6만 약사회의 10분의1의 힘도 안 된다는 얘기다.

이렇게 약한 농민들의 정치적인 파워로 농업관련 예산의 집행에 농민의 뜻을 반영하도록 제도를 개선하는 것은 불가능하다. 농업관련 기관·단체를 농민 중심으로 운영하도록 만드는 것도 불가능하다. 임직원의 농협을 농민의 농협으로 만들고, 농협의 수익을 농민 조합원을 위해 쓰도록 만드는 것은 어림없다 할 것이다. 이렇게 되면 지금의 농업·농정에서 달라지는 게 없다. 우리 농업에 희망을 얘기할 수 없다!

3 신뢰와 유대감으로 똘똘 뭉친 농민조직을 만들어야 한다

농민들 대부분은 농업정책 얘기만 나오면, "농민은 힘이 없다. 정부가 해주어야 한다"고 말한다. 그러나 민주국가에서는 잘난 사람이나 못난 사람이나 한 표다. 10명의 농민들이, 100명의 농민들이, 1000명의 농민들이, 1만 명이 농민들이, 10만 명의 농민들이, 100만 명의 농민들이 '한 목소리'로 얘기하고 함께 움직이면, 아무도 무시하지 못한다. 그러나 안타깝게도 현실은 거꾸로 가고 있다. 조직화에 참여하는 농민의 수가 줄어들고 있다. 조직에 참여하고 있는 농민들의 열정도 옛날만 못하다. 조직 내의 회원과 회원 사이, 회원과 지도부 사이에 신뢰와 유대감이 약해지고 있다. 조직과 조직이 힘을 모으는 연대와 협력도 약해지고 있다. 중앙조직은 물론이고 지역에 있는 그 많은 농민조직들이 따로 놀고 있다. 어떻게 하면 그 많은 농민조직들이 '한 목소리'로 얘기하고, 함께 움직일 수 있을까? 어떻게 하면 농업관련 기관·단체들의 정치력을 압도하는 막강한 농민조직이 될 수 있을까?

조직에 참여해야 할 뚜렷한 명분과 실익이 제시되어야 한다

사람들이 조직에 참여하는 이유는 분명하다. 어떤 목표를 혼자서 이루려고 하는 것보다 조직을 통하는 것이 효과적이라 생각할 때이다. 농민이 농민조직에 참여하면 회비를 내야하고, 회의에 참석해야 하고, 때로는 집회에도 참여해야 한다. 부담이 되고 귀찮은 일이다. 농민으로 하여금 조직에 참여하게 하려면, **'부담과 귀찮음'보다 더 큰 이익과 명분이 있어야 한다.** 나에게 이익이 되거나, 우리 농업의 발전, 또는 지역사회의 발전과 같은 의미 있는 일을 하게 된다는 믿음을 줄 수 있어야 한다.

우리 농민단체와 협회도 비전과 목표를 제시하고 있다. 그렇지만 구호성에 그치고 있다. 구체적인 실현방안과 추진계획이 없다. 회원들과의 소통도 없다. 회원에 관한 기본 자료도 제대로 정비되어 있지 않다. 그러니 이메일, 페이스북, 카페 등 그 편리한 소통수단도 활용하지 못하고 있다. 지도부와 사무국의 판단에 따라 정부정책을 비판하기도 하고, 정책적인 지원을 요청하기도 한다. 그렇지만 정부는 농민단체의 비판과 요청을 진지하게 받아들이지 않고 있다. 지도부의 비판과 요청에 회원 농민들의 열망이 담겨져 있지 않다고 생각하기 때문이다.

단체와 협회의 역할이 제한적일 수밖에 없다. 그러니 혼자서도 잘 할 수 있다고 생각하는 농민, 조직에 참여하지 않더라도 정부 지원은 받을 수 있다고 생각하는 농민, 조직의 힘이 약하여 별다른 힘을 쓰지 못할 것이라 생각하는 농민들은 참여를 기피하게 되는 것이다. 조직은 점점 약해질 수밖에 없다.

기초조직이 단단해야 한다

농민단체들이 회원농민들의 적극적인 참여를 이끌어내려면, 무엇보다 먼저 농민들끼리 쉽게 소통하고 유대감을 다질 수 있는 '기초조직'을 강화해야 한다. 품목, 지역, 또는 뜻이 같은 농민끼리 현안을 제기하고 해결하다 보면, 강한 신뢰와 유대감과 자신감이 생긴다. 생각이나 이해관계가 같은 데다 그것을 서로 확인할 수 있기 때문에 결속력이 더 강해진다.

약사회의 힘은 약사들의 강한 이해관계에 바탕을 둔 유대감에서 나온 것이다. 10만의 농협임직원이 250만 조합원을 압도하는 힘은 임직원들의 강한 유대감에서 나온 것이다. 이해관계가 같은데다 매일 만나서 같이 일하기 때문이다. 일선에서부터 중앙에 이르기까지 조직화되어 있기 때문이다.

농민들도 이들 약사회나 농협 임직원 조직보다 더 강력한 조직을 만들어야 한다. 기초조직의 단계에서부터 조직화해야 할 분명한 이유와 실익, 그리고 실현방안이 제시되어야 한다. 활발한 토론을 통해 강한 공감대가 형성되어야 한다. 힘이 부치면, 다른 지역의 같은 품목 농민과 힘을 합치거나, 같은 지역 내 다른 품목 농민들과 힘을 모아야 한다. 기초조직의 지도자들이 분명한 비전과 그 실현방안에 대한 신념을 지녀야 하는 이유가 여기에 있다.

품목·지역·성향별 기초조직들이 모여서 큰 상위조직을 만들고, 한 발 더 나아가 더 큰 연대조직을 만들기 위해서도 신뢰와 유대감이 강한 기초조직이 만들어져야 한다. 그래야 믿을 수 있는 대표를 선발하고, 그 대표들이 모여서 내린 결정을 믿을 수가 있다. 설사 나의 생각과 다른 결정을 했더라도 믿을 수가 있다. 내가 잘 알지도 못하는 대표가 나가서 나의 생각과 다른 결정을 하고 온다면, 그 결정을 받아들일 수 있겠는가? 그 결정을 실현하는 데에 내 힘을 보태고 싶겠는가?

조직의 힘은 회원 상호 간의 신뢰와 유대감이 기본이다. 조직 간의 협력과 연대도 상호 신뢰와 유대감이 없으면, 진정한 협력과 연대가 이뤄질 수 없다.

농민조직은 회원과 지도부가 일체감을 가질 수 있어야 한다

　우리 농민단체장들은 스스로를 '오너(소유자)'라고 부른다. 조직의 총체적인 책임자인 동시에 전권을 행사하는 주인이라는 뜻이다. 조직의 '오너'로서 누릴 수 있는 권한, 명예, 돈이 상당하다. 대신에 조직을 원활하게 운영하는 것도 전적으로 회장의 책임이다. 회원들은 회장을 선출한 후에 회장이 조직을 잘 이끌어나가고, 회원들이 직면하고 있는 문제도 잘 해결해주기를 기대한다. 회원으로서의 역할과 의무에는 별로 관심이 없고, 회비를 내는 데도 인색하다.

　그렇지만 당선된 회장은 회의와 행사에 참석하느라 시간을 다 쓰고 있다. 당장에 급한 사무국 운영비와 행사비를 조달하는데 온갖 신경을 다 쓰고 있다. 회원들이 공감할 수 있는 비전과 대안을 만들고, 참여를 이끌어내는 일은 뒤로 밀리고 만다. 회원들이 직면하고 있는 문제도 쉽게 풀어지지 않는다. 회장과 사무국이 열심히 뛰어도 풀리지 않는다.

　회원들의 성원이 없는 상태에서 조직의 목소리와 성명서는 무시되기 일쑤다. '정책은 파워 게임의 결과'이기 때문이다. 비전과 목표의식이 분명하지 못한데다, 해결되는 문제도 없으니 회원들은 조직에 실망한다. 회장과 지도부를 비판한다. 진정한 농민운동은 사라지고, 조직과 회원의 간격이 멀어지고, 불신이 커지는 악순환이 계속되는 것이다.

　회장은 조직의 '오너(소유자)'가 아니라, 자기 생업인 농업에 충실

하면서 일정기간 조직에 봉사하는 자리여야 한다. 농업을 떠나 상근을 하고, '월급'을 받는 체제가 되어서는 안된다. 회장이 직업이 되어서는 안된다. 월급처럼 받는 활동비도 없어져야 한다. 그 돈으로는 전문가를 한 사람 더 고용해야 한다. 자칫 잘못하면, 농민운동보다는 회장 자리와 '월급'과 사무국 유지에 급급한 회장이 될 수 있기 때문이다(일부 농민단체장과 많은 조합장이 이런 전철을 밟고 있다).

회장에게 권력과 돈이 집중되면 될수록 문제가 커지게 되어 있다. 선거 후의 후유증도 커지게 되어 있다. 회장은 봉사하는 자리가 되어야 한다. 회장은 회원들로 하여금 꿈을 향해 함께 나아가게 하는 길잡이가 되어야 한다. 언제든지 농업에 돌아간다는 자세를 지녀야 한다. 그래야 어디서나 당당할 수 있고, 회원들의 신뢰를 받을 수 있다. 그래야 더 큰 일을 할 수 있는 기회가 주어진다.

농민조직은 집단의 지혜와 의지로 운영돼야 한다

농민단체의 운영 관행과 행태가 바뀌지 않고 있다. 혁신의 기치를 내걸고서도 당선이 되고 나면, 과거의 관행을 되풀이한다. 비판하기는 쉬워도 대안을 내기는 어렵고, 대안을 내기는 쉬워도 실천하기는 더 어렵기 때문이다.

뿐만 아니라, 변화를 시도하더라도 집행부 전체의 적극적인 협력을 이끌어내기 어려운 구조다. 회장이 독주하는 체제이기 때문이다. 그러다가 1년이 지나고 나면 또 다음 선거를 준비해야 한다.

모두들 고쳐야 한다면서도 10년, 20년 전에 했던 사업과 행사, 그리고 조직운영 방식이 거의 그대로 되풀이되고 있다. 지난 선거, 지지난 선거에서 제기했던 정책 대안들이 거의 그대로 되풀이되고 있다. 회장만 바뀔 뿐 조직은 바뀌지 않고 있다. 조직과 농민 회원들 간의 거리가 점점 멀어지고 있다. 농민단체의 힘은 점점 약화되고 있다.

따라서 농민조직은 집단의 지혜와 의지로 운영되어야 한다. 농민조직의 힘은 오로지 회원들의 결속력에 달려 있기 때문이다. 회장의 그 바쁜 일정과 고민에 비해 부회장들은 할 일이 없다고 불만이다. 조직을 어떻게 발전시킬 것인가에 대해 지도부가 같이 고민하고, 협력하는 체제가 되어야 한다.

지도부의 임기는 좀 더 길어야 한다. 일할 시간을 주어야 한다. 그 대신 돈과 권력에 대한 미련은 아예 없게 해야 한다. 회원들과 상시 소통하는 체제를 구축해야 한다. SNS로 실시간 소통하는 시대에 연락처도 모르는 회원이란 있을 수 없다.

사무국 요원들을 '전업 농민운동가'로, 농업문제 전문가로, 같은 길을 가는 동지로 대접함으로써 사무국 요원들의 사명감과 자부심, 그리고 열정을 이끌어내야 한다. 외부 전문가를 사외이사나 자문위원으로 위촉하고, 그들의 조언을 적극적으로 구해야 한다. 우리끼리는 아무리 심사숙고를 해도 중요한 부분을 놓칠 수 있다. 우리들은 살아온 배경도 생각도 비슷하기 때문이다.

4 농민조직들의 뜻과 힘을 하나로 모으는 농민대의기구가 있어야 한다

　300만 농민이 힘을 쓰기 위해서는 농민조직들 간에 진정한 협력과 연대의 틀을 만들어야 한다. 그런데 우리 농민단체들은 이합집산을 되풀이하고 있다. 대 정부 항의집회도 따로 가지는 게 보통이 되었다. 연대조직 내에서도 신뢰감과 유대감이 강하지 못하다. 의견이 다르면 합의안이 나오더라도 참여와 이행에 소극적이다. 이해관계와 성향이 다른 많은 조직들이 모였으면서도 무엇을, 어떻게 추구할 것인지에 대한 합의와 공감대가 부족하다. 이견을 어떻게 조정할 것인지에 대해 합의된 규칙이 없고, 합의된 규칙을 지키게 하는 장치도 없다. 연대조직의 활동을 뒷받침할 사람도 돈도 마땅치 않다.

　그렇지만, 우리 농민조직의 대표자들은 이 모든 악조건을 극복하고, 300만 농민들의 다양한 목소리를 하나로 수렴해내야 한다. 때로는 서로 충돌하는 이해관계를 하나로 타협하고 조정해내야 한다. 필요할 때 함께 행동하는 체제를 구축해야 한다. 정책에 농민의 목소리를 반영하기 위해서는 크고 강한 목소리가 필요하기 때문이다. 관행과 기득권을 고집하는 농업관련 기관·단체들의 강력한 저항을 돌파하기 위해서는 그것을 압도하는 정치적 영향력이 필요하기 때문이다.

　모든 농민조직들이 한 목소리를 내고, 함께 행동하도록 하는 것, 아마 불가능하다고 생각될 지도 모른다. 그러나 우리 농업에 희망을 얘기하려면, 농민조직들은 한 목소리를 내고, 필요할 때 함께 행동해야만 한다.

 농업계는 농민조직 모두가 공감하고 공유할 수 있는 비전과 목표, 그리고 행동강령을 정립해야 한다. 품목·지역·성향이 다른 농민조직들을 하나로 묶어주는 것은 더 큰 명분과 실리를 얻을 수 있다는 믿음이다. 그러므로 농민지도자들은 우선 농민조직 모두가 공감할 수 있는 비전과 목표를 정립하기 위한 노력을 해야 한다. 그 비전과 목표를 실현할 수 있는 구체적인 대안과 실천전략도 마련해야 한다. 농민 개인이 실천해야 할 행동강령까지 정립해야 한다. 이 모든 과정에 모든 농민단체의 지도자들이 적극 참여하여 충분한 논의를 해야 한다.

 둘째, 모든 농민조직이 참여하는 '농민대의기구'가 만들어져야 한다. 비전에는 공감하더라도 특정한 문제에 대해 농민단체들 간의 목소리는 같을 수가 없다. 때로는 서로 충돌하는 이해관계를 하나로 타협·조정해내야 한다. 충분한 토론을 하고, 타협을 하더라도 합의에 도달하지 못하는 경우가 있게 마련이다. 그래도 하나의 목소리를 내놔야 하는 경우, 민주적인 절차와 방법에 따라 결정할 수 밖에 없다. 대표성의 크기가 다른 농민단체들은 자기에게 유리한 주장을 하게 마련이다.

 대부분 선진국의 농민단체들은 대표성의 크기를 투표로 결정하고 있다. 농민 투표를 하기 위해서는 선거인단의 확정 등 많은 준비가 필요하다. '농민의 뜻'을 정확히 반영할 수 있는 명실상부한 농민대의 기구를 만든다는 것이 지극히 어렵다는 얘기다. 그렇지만 회비 부담과 연계해 일정 수준 이상의 조직 활동을 하는 농민 수를 가장 중요한 기준으로 삼을 수밖에 없다. 그렇다 하더라도 이 문제는 농민단체 간의 충분한 토론과 타협, 그리고 농업계 내 제3자의 조정으로 풀어

야 한다. 그래도 풀리지 않을 경우, 최대 공약수가 되는 연대기구를 우선 출범시키는 것이 필요할지도 모른다. 그렇게 하더라도 나중에 참여하는 조직을 차별해서는 안될 것이다.

셋째, 그때그때 내리려는 결정이 비전과 목표의 달성에 최선의 대안인가를 따질 수 있는 전문성을 확보해야 한다. 농업·농정에 영향을 주는 사건, 사고들은 끊임없이 일어난다. 지구 반대편에서 일어난 사건, 농업과 상관없을 것 같은 사건도 막대한 영향을 준다. 이런 유동적인 상황에서 농민조직들은 올바른 대안을 만들고 선택해야 한다. 상당히 수준 높은 전문가들의 도움이 필요하다. 농민대의기구는 상당한 전문가 조직을 가져야 한다. 상당한 재원이 뒷받침되어야 한다는 얘기다. 뿐만 아니라, 언제나 열린 마음으로 폭 넓게 대안을 모색하고, 비전과 목표와 연결시켜 보는 과정과 절차, 그리고 조직문화가 필요하다.

넷째, 이견이 있더라도 농민조직대표들의 결정에 대해서는 동조를 하고 힘을 실어주어야 한다. 정당한 절차를 거쳐 결정된 '한 목소리'에 대해서는 나의 뜻, 우리 조직의 뜻과 다르더라도 동조를 하고 힘을 실어주어야 한다. 결정된 '한 목소리'에 모두가 힘을 싣지 않으면, 농민들의 목소리는 또 다시 영양가 없는 헛소리가 되고 말 것이다. 농민 지도자와 농민들에게 민주적인 결정의 특수성과 중요성을 알게 해야 한다. 결정된 '한 목소리'에 모두가 힘을 싣는 것이 얼마나 중요한 것인지 알게 해야 한다.

정치인으로 하여금 농민들이 원하는 정책을 만들게 하는 방법은 명확하다. 정치인들에게 농민들의 '목소리'를 명확하게 전달하고, 그 '목소리'를 정책에 반영해주지 않으면 표로써 심판할지도 모른다는 것을 느끼게 해야 한다. 이를 위해 농민들이 해야 할 일은 분명하다. 조직화하고, 결속력을 발휘해야 한다.

각종 투표도 농민들이 '함께 행동한다'는 생각으로 해야 한다. 투표는 농민들이 힘을 발휘할 수 있는 가장 강력한 수단이다. 밖으로 말하지 않아도 이심전심 함께 움직여야 한다. 전략적으로 움직여야 한다. 농민들의 투표가 정책에 따라서가 아니라, 지연, 학연, 혈연, 또는 특정 이념에 따라 이뤄진다면, 농민들의 목소리는 아무런 힘을 발휘하지 못할 것이다. 농민이 2~3%도 되지 않는 선진국에서 농민들의 정치적인 영향력이 큰 이유는 농민들의 표심이 정책에 따라 함께 움직인다는 것을 정치인들이 알기 때문이다.

5 농업회의소 설립, 명확한 원칙을 가지고 접근해야 한다

우리도 그동안 '농민들의 대의기구'로 농업회의소를 구성하기 위한 시도가 있었으나, 성공하지 못했다. 지금 정부는 아래로부터의 점진적인 농업회의소 구성을 위해 시군단위로 농업회의소 시범사업을 추진하고 있다. 사업에 대한 설명, 농민에 대한 교육 등 민간교육컨설팅업체가 시범사업을 진행하고 있지만, 사업을 이끌어가는 주체는 당연히 시군청이다. 예산도 시군에서 지원되고, 사무실도 시군이 제공하거나, 시군의 주선으로 마련된 사무실을 사용하고 있다. 인건비가 시군에서 지원되므로 인력도 시군에서 지원하고 있는 셈이다.

시군농업회의소 회원으로 법인과 개인 모두가 참여하고 있다. 농민단체는 물론 조합과 농어촌공사 지사 등 관내의 거의 모든 농업기관·단체의 대표가 함께하고 있다. 희망하는 개인, 농민도 회원으로 참여하고 있다. 대의원총회는 면단위 지역대표, 농민단체 대표, 지역 내 기관·단체 대표로 구성되는 경우가 대부분이다.

농업회의소는 농민들의 결집된 힘과 전문성을 확보해야 한다

농업회의소가 제 기능을 발휘하기 위해서는 농민의 결집된 힘과 전문성과 안정된 재원을 확보해야 한다. 그래야 행정기관과 대등한 협의구조를 이룰 수 있다. 그렇지만 시범사업으로 추진되고 있는 지금의 농업회의소는 농민과 지방자치단체 간의 대등한 협의구조를 만들어야 한다는 기본 원칙에서 한참 벗어나 있다. 모든 것을 시군에 의존하고 있는데다 참여자들의 자조·자립·자율의지도 턱없이 약하기 때문이다.

대부분의 농민들은 농업회의소가 무엇인지도 알지 못하고 있다. 가장 앞서 나가고 있다는 나주시 농업회의소에도 3만5천 농업인 중

1,152명이 참여하고 있을 뿐이다. 대다수 농업인들이 소위 농민대표라는 사람들을 신뢰하고 있다고도 할 수 없다. 농민대표들의 결정에 힘을 실어주고 함께 행동해주는 농민이 얼마나 될까? 농민의 성원을 이끌어내지 못하는 대표는 농민의 뜻을 실현할 수가 없다. 뿐만 아니라 지금의 농업회의소는 전문성이 뒷받침될 수 있는 구조도 아니다. 인재를 영입하는데도 한계가 있다. 신분도 불안한데다 대우도 열악하다. 그런 직원 서너 명으로 할 수 있는 일에는 한계가 있다. 관내 농업관련 기관, 조합, 농민단체들의 협의체 수준에서 벗어나기 어렵게 되어 있다. 좀 보강된 지금의 시군농정심의회와 다를 게 없다.

시범사업으로 추진되고 있는 농업회의소. 초기인 지금이야 어쩔 수 없다지만, 앞으로 '대등한 구조'로 발전될 수 있는 여지가 있는가? 이 질문에도 자신 있게 답하기 어려울 것이다. 그렇다면 조속히 올바른 방향을 잡아야 한다. 세월이 지나면 저절로 잘될 것이라 기대해서는 안된다. 잘못된 구조가 굳어지면 바로잡는 것은 몇 배 더 어려워진다. 우리는 잘못된 농협을 아직도 바로잡지 못 하고 있다. 옳은 농협이 뭔지도 잊어버린 사람이 대부분이다.

농민들로부터 신뢰받는 농민조직의 대표들이 참여해야 한다

지방자치단체와 지역의 농민대의기구가 대등한 위치에서 지역 내 농업정책의 수립 및 집행을 협의해 나간다는 기본을 살려야 한다. 농민대의기구의 농민 대표성과 전문성이 크게 강화되어야 한다는 뜻이다. 농민대의기구의 힘이 행정만큼 커지려면, 농민들로부터 신뢰받는 농민조직의 대표들로 농민대의기구가 만들어져야 한다. 참여하는 대부분의 농민조직이 그러해야 한다. 그렇지만 지금은 신뢰받는 농민 조직을 찾기 어려운 상황이다. 농민조직과 회원들 간에 신뢰가 없다. 농민조직과 일반 농민 간에 신뢰가 없다. 결속력이 생길 수 없다. 그러므로 농민대의기구를 만들기 전에 농민조직들은 자기 혁신을 해야 한다. 회원으로부터, 농민으로부터 신뢰를 받는 농민조직이 중심이 되지 않는 농민대의기구는 아무 의미가 없기 때문이다.

농민조직의 혁신과 대의기구에 관한 농민교육이 먼저다

대다수 농민들이 농민대의기구에 대해 이해하는 데는 많은 노력과 시간이 필요하다. 농민대의기구가 왜 필요하며, 그것이 어떤 기능을 하는지, 그래서 어떤 원칙으로 구성해야 하는지를 보다 많은 농민들이 분명하게 인식하는 과정을 먼저 거쳐야 한다. 의견이 다른 농민들이 왜 대화하고 타협해야 하는지 그 이유를 알아야 한다. 내 뜻대로 되지 않았다 하더라도 농민의 뜻으로 받아들이는 성숙한 민주주의 정신을 발휘할 수 있어야 한다. 그런 과정을 거쳐서 농민들의 의식이 깨어나고, 조직화되어 농민들의 힘이 커져야 하는 것이다. 궁극적으로 행정과 대등한 수준이 되어야 진정한 '협치'가 가능하기 때문이다.

농민대의기구의 힘이 커지면, 예산을 어디서 지원 받든 크게 문제가 되지 않는다. 시군에서 지원 받든, 농협에서 지원 받든 농민대의기구는 당당하게 농민을 대변하는 목소리를 내게 될 것이다. 그렇다 하더라도 농민조직들이 보유하고 있는 인력과 재원을 통폐합하고 규모화해야 한다. 그래야 더 높은 전문성과 더 큰 힘을 발휘할 수 있다.

6 국민들의 이해와 지지를 끌어내야 한다

농민들이 시장에서, 정책에서 성공하기 위해서는 한 목소리를 내고 함께 행동해야 한다. 그렇지만 농민들의 목소리와 행동이 다수 국민에게 거부감을 줄 경우, 역풍을 맞을 수도 있다. '약은 약국에서만 팔아야 된다'는 약사회의 이기주의가 여론의 역풍을 맞았지만, 약사회는 끄떡없었다. 약사들의 결속력이 그만큼 셌을 뿐만 아니라, 국민들은 약을 약국에서 사지 않을 수 없기 때문이다.

그러나 농업은 다르다. 국민 전체로 봐서 농민은 소수다. 수입농산물도 몰려오고 있다. 국민에게 불안감과 거부감을 주어서는 안된다. 우리 농산물, 우리 농촌에 대한 국민의 사랑과 신뢰를 확보해야 한다. 그러므로 **농민들의 목소리와 행동에는 명분과 설득력이 있어야 한다.** 단순히 농민의 이익이 아니라, 국민 전체의 이익을 위해서도 필요하다는 것을 설명할 수 있어야 한다.

그러기 위해서 실제로 우리 농업이 국민경제 발전에 기여해야 한다. 실제로 우리 농산물을 안전하게 생산하고 관리해야 한다. 실제로 우리 농촌의 환경을 맑고 깨끗하게 가꾸어야 한다. 눈에 보이는 성과를 내야 한다.

우리 농업의 공익적 기능을 널리 알려야 한다

한편으로, 국민에게 우리 농업과 농민이 국민경제를 위해, 우리 국민의 식생활 안전을 위해, 우리 국토와 환경을 위해 기여한 바를 제대로 밝히고 알려야 한다. 기업에서 기업이미지 광고를 하듯 알려야 한다. 왜냐하면, 민주국가에서 정책은 국민의 이해와 지지 없이는 계속되기 어렵기 때문이다.

스위스에서는 "보조금을 주어서라도 산간지대의 농업을 유지해야 한다"는 정책에 대해 국민투표를 했는데, 압도적인 찬성을 얻었다고 한다. 국민이 원하는 활동을 펼치고, 국민의 이해와 지지를 얻기 위한 활동을 끊임없이 펼쳤기 때문이다. 과거 스위스 농민단체는 "우리 농산물이 안전하고 품질이 좋다"는 홍보를 했다. 그러나 지금은 농업이 국민경제와 환경에 미치는 효과에 대해 끊임없이 홍보하고 있다. "우리는 도시에 생기를 불어넣는다(We bring life to the city)." "농업은 문화를 만든다(Agriculture creates cultures)." "농민은 땅을 살린다(Farmers keep land alive)." 이러한 홍보에는 당연히 구체적인 프로그램과 실천이 뒷받침되고 있다. 프로그램의 실천에 필요한 비용과 노력에 대해 보조금이 지급된다. 스위스 높은 산등성이의 아름답고 푸른 초원은 저절로 생긴 것이 아니라, 농민들이 계속 만들고 다듬고 있기 때문이라는 공감대가 형성돼 있는 것이다. 스위스 관광산업의 가장 중요한 자원인 자연경관을 농민들이 관리하고 있다는 것을 국민들이 알고 있는 것이다. 우리 농민지도자들도 '우리 농업·농민에 대해 지원을 늘리자'는 국민투표안이 압도적인 지지를 받을 수 있게 만들어야 한다.

7 농민들 먼저 준비가 되어 있어야 한다

  지금까지 농업 문제는 정부 주도 아래 농업관련 기관·단체들이 풀어왔다. 농민들은 불평, 불만하며 따라왔다. 농업 문제는 갈수록 꼬여만 가고 있다. 이러한 교착상태를 해결하기 위해 농업 문제의 주인인 농민들이 나서야 한다고 주장하고 있는 것이다. 농업·농정을 수행하는 체제를 뿌리부터 바꾸자는 것이다. 누가 순순히 돈과 권한을 내놓겠는가? 누가 순순히 농민들에게 그 막중한 일을 맡기겠는가?

  농민들은 정부 및 지방자치단체와 '협치'를 해나갈 수 있는 준비가 되어 있음을 보여주어야 한다. 지역의 농업관련 기관·단체를 주도해 나갈 수 있는 준비가 되어 있음을 보여주어야 한다. 농민지도자들은 올바른 판단을 할 수 있는 역량을 갖추고 있어야 한다. 농민들을 설득할 수 있는 진정성과 열정이 있어야 한다. 능력도 책임성도 없이 정책을 이렇게 하자, 저렇게 하자고 할 수 없다. 농민들은 '농민의 뜻'을 수렴해내는 체제를 갖추고 있어야 한다. 단체마다 중구난방으로 얘기하면서 '농민의 뜻'을 반영하자는 얘기를 할 수는 없다.

전문성 확보와 재정 자립의지가 있어야 한다

조직적으로 일을 하려면, 사람과 돈이 많이 필요하다. 농민들이 정부·지방자치단체와 대등한 논의를 하려면, 이를 뒷받침 해주는 '사무국', 즉 농민이 지배하는 전문가 조직을 가지고 있어야 한다. 정부가 제안한 정책에 어떤 문제가 있는지 정확히 알아야 한다. 농민들의 불편과 희망사항을 정책으로 개발할 수 있어야 한다. 정부·지방자치단체와 국민을 설득할 수 있는 정교한 논리와 대안을 개발해야 한다. 전문가 요원이 많이 필요하다. 외부 전문가의 도움도 필요하다. 더 많은 전문 요원, 더 유능한 전문 요원을 확보하려면 그만큼 더 많은 돈이 필요하다. 집행부와 회원이 보다 적극적으로 활동하려면, 그만큼 더 많은 돈이 필요하다. 운영비를 조달하는 일이 결코 쉽지 않다. 농민단체들이 가진 인력과 시설을 가급적이면 통합·운영해야 한다. 수십 개의 단체에 한 두 명씩 흩어놓아서는 전문성을 가질 수 없다. 한 두 사람이 할 수 있는 일은 뻔하다.

조직은 원칙적으로 회원들의 회비로 운영하겠다는 생각을 가져야 한다. 그러나 조직의 영향력이 크고, 전문성이 높아지면 외부에서 많은 재원을 끌어올 수 있다. 정부의 대농민 현장업무를 대행할 수 있고, 농협 등 돈을 버는 농민조직으로부터 사업비 또는 기부금을 받을 수도 있다. 또한 회원들의 집단 구매력을 이용해 기업으로부터 수수료를 받을 수도 있을 것이다. 그렇다 하더라도 회원들은 상당한 회비를 내는 자세를 가져야 한다. 그래야 나의 조직이 되는 것이다.

4 상농(上農)의 꿈을 위해

그 옛날 농업은 '농자천하지대본(農者天下之大本)'이 말하듯 국가의 중심 산업이었고, 농민의 사회적인 지위는 '사농공상(士農工商)'이 말하듯 높은 편이었다. 농민은 순박하고 인심이 좋은 사람들이라고들 했다. 그러나 지금은 농업·농민에 대한 이미지가 많이 나빠졌다. 농민 스스로도 농업과 자신을 낮춰보고 있다.

1 농업·농촌·농민에 대한 부정적인 인식을 바꿔라

일부 경제학자와 관료들은 "농업투자는 밑 빠진 독에 물 붓기"라고 한다. 심지어 "농업은 경제발전의 걸림돌"이라고 한다. "농업계가 식량자급이 안 되는 국가는 돈이 있어도 굶어 죽는 것처럼 사실을 왜곡하고 있다"며 비난한다. "농민들은 항상 어렵다는 말만 하는 사람들", "정부지원으로 사업을 벌이고, 그러다 망하면 빚 갚아달라고 데모하는 사람들"이라고들 한다. 일부 신문은 우리 축산업과 농업을 "수질오염의 주범"이라고 한다.

귀향 작가 한만수 씨는 "농촌은 결코 아름답지 않다"고 탄식했다. 그 옛날 따뜻한 인심은 다 어디 가고, 모두들 돈으로만 따지고 있다는 것이다. 부정적인 말들이 너무 많다. 인터넷을 타고 쉽게 번지고 있다. 이대로 방치했다간 우리 농업·농촌·농민들은 큰 손해를 보게 될 것이다. 우리 농업에 희망을 얘기할 수 없게 될 것이다.

사회의 나쁜 인식으로 인한 손해는 상상 이상으로 크다

미운 사람이 하는 짓은 하는 짓마다 밉게 보인다. 고운 사람이 하는 행동은 하는 행동마다 곱게 보인다. 우리 국민들이 농업·농촌·농민을 어떻게 생각하느냐에 따라 우리 농업·농촌·농민의 운명이 달라질 것이다.

농민들이 아무리 어려움을 호소해도 국민들의 관심과 지지를 얻지 못하면 농업 분야에 대한 정부 지원은 늘어나기 어렵다. 이미 이런 현상이 나타나기 시작했다. 이명박 정부 들어서 농업분야 예산의 증가율은 정부 전체예산 증가율의 절반을 밑돌고 있다. 정부의 중기재

정운용계획도 비슷한 상황이다. 미국·EU 등 세계의 최강 농업국들과 자유무역을 하게 되었음에도 농업분야에 대한 예산증가율이 국가 전체의 예산증가율에도 미치지 못하고 있다는 것은 이해가 안 될 것이다. 그런데도 국회를 통과하여 예산으로 확정되었다. 정부는 물론이고 국회의원들도 농업 분야에 대한 관심과 애정이 많이 줄어들었다는 증거다. 시장 개방으로 수입농산물이 넘쳐나는 상황에서 우리 농산물에 대한 국민들의 사랑까지 줄어들면 우리 농산물에 대한 수요가 크게 줄어들 것이다. 뿐만 아니라, 국민들이 여가를 보내기 위해 농촌을 찾거나, 농민들과 어울리는 것을 별로 좋아하지 않게 될 것이다. 앞으로 가장 유망한 소득원인 농가민박·농촌관광·체험농업 등 농외소득사업은 그만큼 발전이 더디게 될 것이다.

경제적인 불이익보다 더 큰 문제는 사회적인 차별 인식이 심해질지도 모른다는 것이다. 농촌 총각이 장가가기 힘든 것이 어제 오늘의 얘기가 아니지만, 농업·농촌에 대한 사회적 인식이 나빠지면, 농촌총각 장가가기가 그만큼 더 어려워질지도 모른다. 자녀들이 이곳저곳에서 차별을 받을지도 모르고, 농민들이 정치적·사회적 활동을 넓혀갈 때에도 손해를 볼지 모른다.

부정적인 이미지를 긍정적인 이미지로 바꾸는 것은 참으로 어렵다. 마치 잘못된 그림을 지우고, 그 위에 다시 그리는 것과 같다. 그렇지만 아무리 어렵더라도 나쁜 이미지는 반드시 바꾸어야 한다. 시간이 걸리더라도 반드시 바꾸어내야 한다. 우리 농민들은 어떤 경우에도 국민들의 부정적인 시선을 받으며 살아갈 수는 없다!

2 우리 농업의 가능성을 보여줘라

　사람들은 영웅을 좋아하고, 성공담을 듣길 좋아한다. 패배한 사람과 가까이 하려 하지 않고, 실패한 얘기를 듣길 좋아하지 않는다. "농업은 늙은 어머니와 같다"고 해서 더 많은 관심과 지원을 받을 수 없다. 요즘 늙은 어머니를 모시고자 하는 자식은 거의 없다. 그러므로 농민 개인은 물론이고, 우리 농업은 성공을 해야 한다. 농민이 잘 살 수 있다는 것을 보여주어야 하고, 농업은 가능성이 큰 산업이란 걸 보여주어야 한다. 그래야 농업과 농민을 보는 세상의 눈이 달라질 것이다. 그래야 농업투자도 늘어날 것이다.

　농업과 농민이 성공하기 위해서 해야 할 일은 분명하다. 앞에서도 이미 말했다. 농민들은 품목별로, 또는 보완이 되는 품목별로 하나로 협동하여 '제스프리'나 '대니시 크라운'보다 더 사업을 잘하는 회사나 조합을 만들어서 국내외 시장을 개척해야 한다. 소비자들의 취향을 미리 파악하여 생산을 해야 하고, 때로는 소비자들의 수요를 이끌어내야 한다. 유통의 모든 단계에서 우리 농산물의 품질관리와 물류의 효율화를 이루어야 한다.

네덜란드 등 선진국보다 더 나은 R&D 및 교육체제를 확립하여 우리 농업을 세계 최고의 기술농업으로 만들어야 한다. 농업계가 가지고 있는 사람과 돈과 재산의 운용방식을 대혁신하여 세계 최고의 농업시스템을 만들어야 한다. 농민지도자들은 농업생산 및 경영시스템의 운영을 주도하고, 농민들은 이 시스템 속에서 농사만 열심히 지으면 되도록 해야 한다. 엘리트 농업인도, 보통 농업인도 더 많은 소득을 올릴 수 있게 해야 한다. 그래야 우리 농업의 성공을 얘기할 수 있다. 그래야 국민들의 농업에 대한 부정적인 인식이 바뀔 것이다.

3 _ 일반 국민들의 기대를 뛰어넘어라

사람들은 사회 전체의 이익을 위해 희생정신을 발휘하는 사람을 존경한다. 대가 없이 남을 돕는 사람을 높이 평가한다. 남을 돕고 공익을 위해 자신의 이익을 희생하는 것이 그만큼 어렵기 때문이다. 우리 농민들이 사회적으로 높은 평가를 받기 위해서는 우리 자신들의 이익만을 위해서가 아니라, 일반국민의 이익도 생각하면서 일해야 한다. 진실한 마음으로 상대방을 배려하면, 상대방은 감동하게 된다. 자신도 행복해진다. 단시간 내에 우리 농업·농민에 대한 일반국민들의 부정적인 생각을 바꾸려면, 일반국민을 감동시킬 수 있는 일을 하지 않으면 안된다. 일반 국민들이 가장 중요하게 생각하는 것, 가장 가치 있다고 생각하는 것 중에서 우리 농업계가 할 수 있는 일을 찾아내어 적극적으로 실행해야 한다.

수입농산물로는 얻을 수 없는 새로운 가치를 창출해야 한다

우리 국민은 물론이고 해외의 소비자들도 농산물의 안전성에 대한 요구는 끝이 없다. 우리 국민 80%는 시장에서 농식품을 살 때, 불안을 느낀다고 한다. 국민들을 감동시키려면, 농민들은 국민들의 기대 이상으로 노력하지 않으면 안된다. 농약의 안전사용규칙을 정하고, 지키기 위한 농민들의 노력이 소비자들 눈에 놀라울 정도가 되어야 한다. 농촌의 자연환경을 맑고 깨끗하게 만들기 위한 농민들의 노력이 도시인들의 눈에 놀라울 정도가 되어야 한다. 소비자들의 반응이 "그렇게까지 철저하게 하고 있는 줄 미처 몰랐다"는 정도가 되어야 한다.

국민이 놀랄 정도로 농약의 안전사용과 자연환경보전을 위한 규정을 만들고 지킨다는 것은 농민들에게는 엄청난 부담이 될 것이다. 그렇지만 우리 농업이 존재해야 할 이유를 분명히 할 수 있고, 수입농산물에서는 결코 얻을 수 없는 가치를 창출할 수 있다. 그래야 소비자들이 높은 가격을 지불하고서도 안전한 우리 농산물을 사줄 것이다.

일반 국민들의 수질오염 방지, 생물다양성 등 자연환경 보전에 대한 관심도 끝이 없다. 농민들은 맑고 깨끗한 환경을 만들기 위한 프로그램을 만들어 실천해야 한다. 그렇게 되면 더 많은 도시인들이 맑고 깨끗한 농촌을 찾아오게 될 것이다. 맑고 깨끗한 환경은 나 자신이 살기에도 좋은 것이다. 직접지불금을 받아내는 근거가 될 수도 있다.

농촌 각 지역이 보존하고 있는 독특한 문화와 전통, 그리고 놀이를 보전하고 발전시켜야 한다. 사실 팍팍한 현실을 살아가는 우리 농민들에게는 이런 일이 사치로 여겨질지도 모른다. 그렇지만 보전하고 다듬어나갈 사람도 없고, 여유도 없다며 잊혀지게 해서는 안된다. 문화와 전통, 그리고 놀이는 어떻게 활용하느냐에 따라 무한한 가치를 발휘할 수 있다. 농민들의 자부심을 무한히 높여줄 수도 있다. 이런 일을 하는데 필요한 비용은 정부에서 대줄 수도 있고, 기업 등의 사회공헌기부금을 받아서도 할 수 있다.

농업·농촌의 가치를 국민들에게 널리 알려야 한다

지금은 PR시대, 홍보의 시대다. 기업은 물론이고 사회단체와 개인도 상대방의 주의와 관심을 끌기 위해 엄청난 시간과 돈을 투입하고 있다. 삼성전자처럼 잘나가는 글로벌기업들도 홍보비로 1년에 조 단위의 돈을 쓴다. 농업이 우리 경제와 국민의 삶에 기여하고 있는 부분이 저절로 알려지지 않는다. 공기가 없으면 단 몇 분도 살 수 없지만, 사람들은 공기의 가치를 모른 채 살고 있다.

국민들에게 우리 농업·농촌의 가치를 알리고, 국민들이 우리 농

업·농촌을 이해하고 지지하도록 만들기 위해 많은 노력을 해야 한다. 사실과 논리에 바탕을 두되 치밀한 계획을 세우고, 많은 시간과 노력을 투입해야 한다. 상대방이 공감하지도, 인정하지도 않는 상태에서 우리끼리 '농업의 공익적 효과가 67조원이다', '벼가 산소를 생산하니, 산소 값을 받아야 한다'고 한들 무슨 소용이 있겠는가?

농업계는 많은 돈을 들여서 홍보를 할 수는 없다. 우리 농업계가 하는 일 자체가 언론과 국민의 관심을 받을 수 있도록 기획하고, 실천해야 한다. 일이 이루어지는 과정을 세세하게 알려야 한다. 우리 농업이 국민경제와 일자리 창출에 얼마나 기여하고 있으며, 앞으로 얼마나 더 기여하게 될 것인지를 알리는 것이다. 우리 농산물을 가장 안전하게 생산하고 관리하기 위해 우리 농업과 농민이 하고 있는 일을 알려야 한다. 우리 농촌을 맑고 깨끗하고 아름답게 만들기 위해, 우리 농업과 농민들이 하는 일이 국민 전체의 이익과 연결되어 있다는 점을 구체적으로 알려야 한다. 우리 농업·농민들의 어려움에 대해서도 진솔하고 담담하게 알려야 한다. 농민들의 건강하고 밝은 생활도 국민들에게 알려야 한다.

우리 농업·농촌·농민에 대한 이미지 개선을 위한 노력은 조직적으로 이루어져야 한다. 농업계의 한 사람 한 사람이 '농업·농촌홍보대사'라는 생각을 가져야 한다. 일상의 사회생활에서든, 인터넷을 통해서든 기회 있을 때마다 우리 농업·농촌의 가치를 알게 해야 한다. 언제 어디서든 상대방이 우리 농업·농촌의 가치를 알게 하고, 우리 농업과 농민에 대해 호감을 가지도록 말하고 행동해야 한다.

이러한 우리 농업계의 진지한 노력이 국민에게 전달된다면, 국민들이 우리 농업·농촌·농민을 보는 눈이 달라질 것이다. 우리 국민은 농업계가 자조·자립·자율의 정신 아래 우리 농업을 살리고, 우리 농촌을 맑고 깨끗하고 아름답게 가꾸고, 농민의 자부심을 회복하려는 의지와 노력에 대해 절대적인 관심과 지지를 보낼 것이다.

4 불안의 시대, 농업의 미래는 밝다

　우리 국민 모두가 성공을 위해 유치원 때부터 과외를 하며 준비를 한다. 자녀가 고3이 되면 온 가족이 대입증후군을 앓아야 한다. 대학에 들어갔다고 고통이 끝나는 게 아니다. 또다시 스펙을 쌓고, 인턴을 하고, 해외연수를 간다. 직장인도 마찬가지다. 세계에서 근로시간이 가장 길다. 그렇지만 대다수 국민들은 자신이 기대하는 성공적인 삶을 살 수 없다. 일자리 문제는 이 시대 최대 화두다. 전문대학 이상 졸업자가 1년에 50만 명인데, '괜찮은 일자리'는 1년에 8만 개밖에 안 된다고 한다. 나머지 42만 명의 젊은이는 어떤 직장에서 일하게 될까?

불안의 시대 : 실업자, 비정규직, 명퇴

　근로자의 34%인 600만 명이 비정규직이며, 비정규직의 31%가 대졸 이상 학력소지자다. 비정규직의 평균 임금은 월 135만 원이다. 직장도 없이 그냥 놀고 있는 젊은이가 120만 명이나 된다. 그들의 고통이 얼마나 클지 제3자는 짐작하기조차 어렵다.

　괜찮은 직장에 다니고 있는 사람들도 그들의 삶에 대해 불안해 하기는 마찬가지다. 잘 나가던 기업도 하루아침에 생존을 걱정하는 회사가 되기도 한다. 도시근로자들이 예상하고 있는 '현재의 직장에서 퇴직할 때의 나이'는 평균 47.4세밖에 안된다. 삼성전자 남자 직원의 평균 근속연수는 7.5년이다. 2011년 말 어느 대기업은 "60년생은 모두 사표를 내라"고 했다. 52세 밖에 안된 나이다. 가계비가 한창 필요한 시기에 다시 직장을 구해야 한다는 뜻이다. 더 나은 직장으로 옮길 수 있는 사람이 몇이나 될까? 돈을 못 벌어 집에서 쫓겨난 40~50대 가장이 40만 명에 이른다고 한다. 정년이 없는 농민으로서는 상상도 할 수 없는 현상이다. 100세 시대. 취업을 못한 사람은 말할 것도 없지만 취업을 하고 있는 사람도 불안에서 벗어나지 못하고 있다.

"농부, 향후 20년간 가장 선망의 대상이 되는 직업이 될 것"

FTA로 가장 큰 타격을 받게 되는 사람이 농민인 건 분명하지만, 격변의 시대, 불안의 시대에 그래도 농업은 가장 안정적인 직업이다. 농업은 화려하지는 않지만 정년이 없다. 100세 시대에 이보다 더 큰 장점이 없다. 매년 귀농이 느는 주된 이유가 여기 있다. 2010년 4,067 가구라는 작지 않은 가구가 귀농했는데, 2011년에는 6,500 가구로 크게 늘었다.

뿐만 아니라, 농업은 앞으로 더욱 유망한 직업이 될 것이다. 세계적인 상품(원유, 곡물 등)투자가 짐 로저스는 "농부라는 직업은 지난 30년간 어려운 직업 중 하나였는데, 향후 20년간은 가장 선망의 대상이 되는 직업이 될 것"이라고 전망했다. 그러면서 "만약 미래에 직업을 바꿀 예정이라면, 농부가 되라고 조언해주고 싶다"고 말했다.

농산물의 용도가 먹는 것에 그치지 않고, 에너지와 공산품의 원료로 그 용도가 넓어지고 있으며, 중국·인도·러시아·브라질 등 개발도상국의 소득 수준이 높아짐에 따라 농축산물에 대한 수요가 급증하고 있지만 공급능력은 그만큼 증가할 수 없으니, 농업과 농민의 입장이 강화될 수밖에 없다는 것이다.

농업에 기반을 둔 사람, 드높이 도약할 수 있다

불안의 시대, 농업의 미래가 밝다지만 여전히 농업을 선택하는 데 망설이는 사람들이 많다. 많은 사람들이 '자식에게는 내가 하고 있는 일을 시키고 싶지 않다'고들 한다. 농사를 짓던 사람 중에 이런 사람들이 더 많았다. 그간에 많은 어려움을 겪었다는 것을 나타내는 말이기도 하다.

그렇지만 내가 하고 있는 일이 어렵다고, 다른 분야의 일이 쉬울 것이라 생각하는 것은 잘못이다. 다른 분야의 어려움이 무언지 모르기 때문에 하는 말이다. 분야를 바꿔서 새로 시작하는 것은 그만큼 위험부담이 따른다. 내가 쌓아 놓은 인맥과 노하우를 포기하는 것이다. 차라리 내가 지금 하고 있는 일에 새로운 아이디어와 기술을 접목하여 한 층 높이 발전시키고, 그것을 바탕으로 드높은 꿈을 이루어 가는 게 훨씬 성공가능성이 높다.

농업은 드높은 도약의 토대가 될 수 있다. **농업에 뛰어들었거나, 뛰어들려고 하는 사람은 드높은 꿈을 이룰 가능성이 크다.** 농사를 지어서 돈도 벌고, 사람들의 존경도 받을 수 있다. 농민들이 하나로 협동하여 시장에 대응하고, 정책에 대응한다면 그 가능성은 훨씬 더 높아질 것이다. 보통 농민들도 나름대로의 꿈을 훨씬 쉽게 이룰 수 있을 것이다. 도시근로자들보다 훨씬 안정된 삶을 누릴 수 있을 것이다. 뿐만 아니라 농업관련 기관·단체의 운영을 농민들이 주도하게 되면 농민들은 지역사회의 지도자로서 활동할 수 있는 기회가 많아질 것이다. 이러한 활동을 바탕으로 좀 더 특별한 꿈을 이룰 수 있을 것이다.

예를 들어 지역사회의 지도자로서 성공한 후에 시장, 군수, 또는 도지사가 되는 꿈을 가졌다고 하자. 도시에 나가 회사에 취직한 사람보다 그 꿈을 이루기가 훨씬 더 쉽다. 우리는 주변에서 그런 사람들을 이미 많이 보고 있다. 농민들이 조직화되고, 농민들 간에 신뢰가 커지면 그 꿈은 훨씬 더 쉽게 이룰 수 있을 것이다.

스스로를 존중하지 않으면 아무도 나를 존중하지 않는다

스스로를 보잘 것 없다고 생각하면, 내 행동은 비굴하고 남루할 수밖에 없다. 다른 사람들은 당연히 나를 보잘 것 없다고 생각하고, 업신여기게 될 것이다. 농업의 가치와 가능성을 농민이 알지 못한다면, 다른 사람이 알아줄 수는 더구나 없다.

우리 농업은 무한한 가능성이 있다. 농민들의 지혜와 힘으로 농업계 전체가 한마음으로 우리 농업의 가능성을 실현시키도록 해야 한다. 시장을 주도하고, 정책을 주도해 나가야 한다. 엘리트 농민들은 물론 보통 농민들도 안정되고 당당한 삶을 살아갈 수 있는 농업시스템을 만들도록 해야 한다.

5 꿈을 이루어가고 있다고 믿는 사람은 행복하다

운이 좋아 괜찮은 자리에 취업을 한다고 하더라도 행복한 삶은 보장되지 않는다. 어느 부장판사는 "판사는 배설물을 치우는 청소부같다"며 자살했다. 개그맨이자 MC인 유세윤은 "힘든 시절에는 꿈을 따라 움직이며 행복해 했는데, 이제는 내가 그 꿈을 이뤄버린 느낌이라 우울증 비슷한 것이 왔었다"고 고백했다. MC 김국진, 개그맨 유상무도 같은 경험을 했다고 한다. 많은 스포츠 스타들이 챔피언이 된 후 방황에 빠지기도 한다. 더 이상 추구할 꿈이 없어졌기 때문이다.

그렇다. 꿈을 이루어가고 있다고 믿는 사람은 행복하다. 무슨 일을 하고 있든, 어떤 힘든 처지에 있든 '꿈을 이루어 가고 있다고 믿는 사람은 행복하다'. 꿈을 이루어 가고 있다고 믿는 사람은 어떤 어려움도 극복해 나가는 힘을 발휘한다. 다만, 그 꿈은 내가 꼭 이루고 싶은 꿈, 절실한 꿈이어야 한다. 막연히 '잘 먹고 잘 살겠다'는 꿈이 아니라, 반드시 이루고 싶은 구체적인 꿈이어야 한다. 평생을 행복하게 살려면 평생동안 추구하는 꿈이 있어야 한다.

"더 많은 사람들의 행복을 위한 고민"

알베르트 슈바이처 박사는 "진정으로 행복한 사람은 남을 섬길 방도를 찾은 사람"이라고 했다. 일본 최고의 CEO로 2년 연속 선정된 재일동포 출신 손정의 소프트뱅크 회장은 "차나 집이 아닌, 더 많은 사람들을 위한 꿈을 꾸라. 다른 이들의 행복을 위해 고민할 때, 세상을 바꾸고 본인도 행복해질 수 있다"고 했다.

행복한 농업인이 되기 위해서도 마찬가지다. 단순히 부와 명예를 위해서만이 아니라, 내가 짓는 농사, 내가 운영하는 체험농장에서 소비자의 행복을 위해 고민해야 한다. 예를 들어 "40세까지 3ha의 유리온실에서 우리나라 최고 품질의 장미를 생산하는 농가가 되겠다"는 꿈을 가진 젊은 후계농업인은 막연한 꿈을 가진 후계농업인보다 열심히 공부하고 일할 것이다. 특별한 불운이 없다면, 꿈을 이룰 수 있을 것이다. 상당한 돈과 명예도 얻을 수 있을 것이다. 그렇지만 외형적인 꿈을 이룬 후에는 열정이 식을지도 모른다. 그렇다고 유리온실의 규모를 5ha, 10ha로 계속 확대하면, 그의 삶은 활력에 넘치게 될까? 규모가 커지면, 자칫 경영이 어려워질 수도 있다. 더 바쁘고 힘든 생활에 오히려 "내가 왜 이렇게 살아야 하는가?"하는 회의와 허무감에 사로잡힐 수도 있다.

내가 무슨 일을 하든 '더 많은 사람들의 행복을 위해 고민'하고 있

다고 믿는다면 나는 행복할 것이다. 내가 하고 있는 일에서 우리 사회를 아름답게, 다른 사람들을 행복하게 만드는 고귀한 의미를 찾아내야 한다. "보다 아름다운 꽃을 재배하여 보다 많은 사람들을 행복하게 하겠다"는 고귀한 의미를 추구한다면, 일하는 것이 더 즐거울 것이다. 하는 일을 더 잘하기 위한 노력을 멈추지 않게 될 것이다. 성공은 저절로 따라오게 될 것이다. 평생 행복하게 살 수 있을 것이다.

지금까지 농민들의 염원인 삼농(三農)+안촌(安村)을 실현하기 위해 누가, 무엇을, 어떻게 해야 하는지에 대해 말했다. 이 장에서는 삼농+안촌의 실현을 위한 핵심과제별 실천방안을 좀 더 구체적으로 말하려 한다. 그 동안의 농정이 언제나 실패로 끝난 이유는 사업을 수행하는 방식이 엉터리였기 때문이다. '실패한 농업·농정'을 되풀이 하지 않으려면 그 수행방식을 혁신해야 한다. 농업·농정의 조직과 기능을 재편하고, 그 조직과 기능이 일하는 방식을 달리하면, 같은 정책도 전혀 다른 결과를 가져올 것이다.

제4장

희망 솔루션

1 농협의 주인은 농민이다

다행스럽게도 우리 농업과 농민은 농협이라는 큰 자산을 가지고 있다. 10만 명의 인재와 몇 십조 원의 유형자산과 무형자산을 가지고 있다. 이 많은 인재와 자산을 어떻게 이용하느냐에 따라 우리 농업과 농민의 운명이 바뀔 것이다. 따라서 나는 우리 농업과 농민을 살리는 데에만 초점을 맞춰 농협의 조직과 운영방식을 전면 재편하는 방안과 이에 따를 것으로 예상되는 어려움을 말하고자 한다. 왜냐 하면, 어떤 어려움도 우리 농업과 농민의 운명보다 중요한 것은 없다고 생각하기 때문이다.

① 중앙회와 조합의 신용사업을 하나로 통폐합한 후 조합원 농민에게 지분을 배분해 금융회사의 주인을 명백하게 해야 한다.

중앙회도 조합도 모두 농민의 것이다. 통합이 경쟁력 향상에 도움이 된다면, 통합으로 더 많은 수익을 낼 수 있다면, 통합으로 농업분야의 대출이 좀 더 쉬워진다면, 중앙회와 조합의 신용사업을 통합하지 않을 아무런 이유가 없다. 과거 농협의 신용사업은 자금 조달이 어려운 농업과 농민에게 대출을 보다 쉽게 하는데 있었다. 그렇지만 지금은 자금이 넘쳐나고 있다. 이제는 일반 소비자를 상대로 조합원 농민과 농업을 위해 돈을 버는 것이 훨씬 중요해졌다. 그렇게 하면서도 농업의 특성에 맞는 신용사업을 더 잘해 나갈 수 있기 때문이다. 뿐만 아니라 신용사업을 통합하고 나면, 지역조합을 통폐합하여 품목전문조합으로 만들기도 쉬워질 것이다. 판매사업을 전문화하기가 쉬워진다는 얘기다.

농민들은 통합금융회사의 명백한 주인이 될 것이다

더욱 중요한 것은 통합금융회사의 지분을 농민 조합원들에게 배분해야 한다는 점이다. 세계적인 통합금융회사의 주인을 명백하게 해야 한다는 얘기다. 그래서 막대한 통합 금융사업의 수익이 중간에 새지 않고 농업·농민의 어려움을 더는 데 쓰이도록 해야 한다. 조합에 배당해 임직원들이 쓰고 남는 '쥐꼬리 실익'을 배당하게 할 이유가 없다. 농민도 아닌 도시조합원들이 포식하게 할 이유가 없다. 중앙회와 조합의 신용사업을 통합할 경우, 예상되는 효과를 그야말로 개략적으로 그려보고자 한다.

조합원 1인당 지분의 가치는 통합농협금융의 시가 총액을 조합원 수로 나눈 금액이 될 것이다. 2011년 조합원 수가 총 245만3천 명이라고 하지만, 품목조합과 지역조합에 이중으로 가입한 조합원과 '자격 없는' 조합원을 빼면 훨씬 줄어들 것이다. 진짜 조합원은 한 200만 명이 될까? 통합농협금융회사의 시가총액이 얼마가 될지 비전문가인 나로서는 알 수 없다. 그러나 이런저런 추정은 해볼 수 있다.

국민은행의 2011년 2월1일 시가총액 약 23조원을 적용하고, '실질' 조합원 수 200만 명으로 나누면 1인당 약 1100만원이 된다. 농가 기준으로 하면, 약 2000만원이나 된다. 중앙회와 조합 상호금융을 통합한 통합금융농협의 가치는 국민은행보다 훨씬 클 수도 있다

통합금융회사의 잠재가치는 여기서 끝나지 않는다. 전 조합원이 통합농협을 전이용하고, 도시에 나가 있는 자녀들도 통합농협의 보험이나 카드 등 금융상품을 이용하게 한다면, 통합농협금융의 시가 총액은 지금보다 얼마나 더 커질지 모른다. 조합원들이 하나가 되어 공공기관들의 금고를 농협으로 유치한다면, 수익은 더 커질 것이다. 시가 총액이 국민은행의 몇 배가 되도록 만들지 못할 이유가 없다.

조합원들에게 지분을 나눠주어야 할 사업체는 통합농협금융회사뿐이 아니다. 25개의 자회사도 마찬가지다. 다만, 자회사는 분야별 조합원들 위주로 주인을 찾아 주어야 할지 모른다. 어쨌든 농민들은 엄청난 금산복합기업그룹의 주인이다. 그 권리와 위상을 회복해야 한다!

지분은 공정하게 배분하되, 처분은 제한해야 한다

조합원들이 통합농협금융회사의 지분을 나눠 가진다 하더라도 일반주식처럼 마음대로 팔게 할 수는 없다. 왜냐하면, 새로 농사를 짓는 사람에게도 지분을 주어야 하고, 농민 아닌 사람에게 팔아버리면 금융회사는 농민의 것에서 일반인의 것으로 바뀌게 되기 때문이다. 프랑스 끄레디 아그리꼴의 경우, 지분은 반드시 소속 조합에 팔아야 하며 파는 가격도 조합에서 정해 준다.

그렇지만 농민들은 2천만 원, 3천만 원, 또는 5천만 원이나 되는 '연금금융자산'을 가진 것처럼 매년 수익을 챙길 수 있다. 만약 통합금융회사의 당기순이익이 3조원 나고, 그 절반을 배당한다면, 농가당 150만원을 배당받게 된다는 얘기다. 농업을 떠나거나 사망했을 때는 조합이 정하는 가격으로 상당한 '보상금'을 받을 수 있을 것이다. 뿐만 아니라, 수익의 나머지 절반은 자본금으로 축적되어 더 큰 수익을 벌어들이게 될 것이다. 이런 제도는 프랑스에서 오래 전에 도입해 시행하고 있다. 좀 더 철저하게 조사하여 우리 실정에 맞게 도입하면 된다.

통합금융회사의 지분을 공정하게 나누는 일도 결코 쉬운 일이 아니다. 그간에 자산이 커진 조합과 파산지경의 조합원들 사이에 어떻게 차이를 둘 것인지, 농가 단위로 나눌 것인지, 조합원 단위로 나눌 것인지, 실질적으로 은퇴한 농민과 주업농이나 젊은 농업인과는 어떻게 차이를 둘 것인지, 조합과 중앙회의 임직원에게는 어떻게 할 것인지, 외국의 사례를 치밀하게 조사하고 많은 논의를 거쳐 우리 농업의 발전과 농가간 형평에 맞게 조정되어야 한다.

주인이 명확해야 농협 개혁도 확실하게 할 수 있다

통합금융회사의 지분을 나눠가지는 것에 대해 "민족은행을 나눠먹고 말자는 거냐?"고 비판할지도 모른다. 그렇지만 법적으로나 이념적으로나 농민의 것이 분명한 통합금융회사를 진짜 농민과 동떨어진 채 내버려둘 수 없다. 사실상 임직원의 것으로 방치할 수 없다. 농민도 아닌 도시민들의 것으로 방치할 수 없다.

뿐만 아니라, 농협의 주인을 분명하게 하는 것보다 농협 개혁을 확실하게 하는 방안은 없다. 지금까지의 농협 개혁이 실패한 이유는 임직원들이 개혁을 저지하기 위해 적극적으로 움직이는데 비해 조합원들은 무관심했기 때문이다. 직원인 임직원들이 조합의 이익을 거의 독차지하고, 주인인 조합원들은 조합에서 얻는 이익이 거의 없었기 때문이다. 조합에서 주는 '실익'이라는 게 이런 것인가 보다 하고 당연하게 생각했기 때문이다. 그러나 조합에서 얻을 수 있는 이익이 1년에 100만 원, 200만 원이 넘어갈 수 있다면, 조합원들은 지금처럼 무관심하지 않을 것이다. 주인으로서의 위치를 확실하게 차지하려 할 것이다. 전국의 농민들이 한마음으로 협력하게 될 것이다. 예금, 보험 등 모든 사업에 우리 농협을 전이용하게 될 것이다. 경제사업에서도 이익을 내기 위해 하나로 협동하게 될 것이다. 통합농협

금융회사와 조합의 임원을 뽑을 때도 결코 대충하지 않을 것이다. 진짜 주인이 되었으므로 마구잡이로 나눠먹지도 않을 것이다. 농민과 농협과 농업과 농촌은 놀랄 만큼 달라질 것이다!

통합과정의 잉여인력은 예비인력으로 확보해 인재로 육성해야 한다

통합금융회사는 최고의 경쟁력을 가질 수 있게 조직화되어야 한다. 과거의 조직 형태나, 과거의 지역별 근무 인원을 기준으로 조직을 조정하고, 인력을 배치해서는 안된다. 새로운 통합금융회사의 설립취지에 맞게 재편돼야 한다. 최고의 경쟁력을 가지고 최고의 수익을 내고, 보다 많은 수익을 농민에게 배분할 수 있어야 한다.

그러다 보면 통합과정에서 상당한 잉여인력이 발생할 것이다. '예비인력'으로 상당수를 확보하여 끊임없는 교육 훈련이 이루어지게 해야 한다. 평범한 월급쟁이가 아니라, 창의력과 활력이 넘치는 인재가 되도록 해야 한다. 그렇게 하고도 남는 인력은 농업과 농민을 위한 다른 분야로 재배치하는 것이 불가피할 지도 모른다. 어차피 우리 농업계는 '거대한 재편'을 해야 하지만, 충분한 기회를 주어야 할 것이다.

② 조합원의 자격을 진짜 농민으로 제한해야 한다.

총자산 수백 조원의 거대한 NH금융그룹 농협의 주인을 명백하게 하는 것은 우리 농업은 물론 우리나라 금융산업 발전을 위해서도 반드시 필요하다. 농협은 이념적으로나 법적으로나 분명히 농민의 것이다. 그런데 이게 어찌된 일인지 농협 임직원의 것이 되어 있다. 알짜배기 도시 조합은 농민도 아닌 도시인들의 것이 되어 있다. 농업이 잘 되고 못 되고에 별 영향을 받지 않는 무늬만 농민인 사람들이 조합원이 되고, 농업정책의 지원을 받고 있다. 그러므로 농협의 주인을 진짜 농민으로 분명하게 하여 농협이라는 거대한 사업체의 주인을 명확하게 해야 한다. 더불어 농업정책의 지원 대상을 명확하게 해야 하기 때문이기도 하다.

농업을 주된 소득원으로 하고, 평생을 농업에 종사할 것으로 기대되는 사람이 정조합원이 되어야 한다. 정조합원이야 말로 우리 농업과 농협의 미래를 결정할 수 있다. 귀농을 한 사람에게는 '조건부 조합원'의 지위를 주어야 한다. 적어도 5년 이상 농업에 종사해야 진짜 농업인이 되었다 할 것이다.

은퇴 후에 취미로 농사를 짓거나, 농업이 어떻게 되든 소득에 별다른 영향을 받지 않는 '비농업 소득이 많은' 농민이 정조합원이 되어서는 안된다. 과거에 농사를 지었다는 이유만으로 정조합원의 권리까지 행사하게 해서는 안된다. 다만, 조합 발전에 기여한 은퇴 농업인의 공로는 인정되어야 한다. 무엇보다 잘못된 것은 단순히 조합에 예금을 많이 하고, 마트를 많이 이용한다는 이유로 조합원의 지위를 부여하는 것이다. VIP고객이라 해서 주주의 권리를 그냥 주는 회사는 없다.

정회원, 정회원에 가까운 준조합원과 그렇지 않은 준조합원 등 조합원의 권리와 의무에 차등을 두는 방식을 적극적으로 도입해야 한다. 다만, 농업의 범위는 좀 넓게 잡아야 한다. 우리 농업·농촌의 발전과 직결되어 있는 사업은 농업의 범위에 포함되어야 한다. 생산자들에 의해 운영되고 있거나, 생산자조직과 대등한 협력관계를 이루고 있는 우리 농산물의 가공·판매·수출사업체를 포함해야 한다. 농민에 의해 운영되는 농가민박사업과 농촌관광사업을 포함해야 한다. 그렇지만 외지인에 의해 운영되는 팬션사업까지 농업이라 할 수는 없다.

③ 경제사업부문의 사업조직과 운영방식을 전면 개편하고, 임직원의 역량 제고를 위한 교육 훈련을 대폭 강화해야 한다.

조합의 신용사업을 중앙회와 통합하고 나면, 지역조합은 경제사업에 매진할 수밖에 없다. 경제사업도 글로벌경쟁시대에 맞게 수행되지 않으면 안된다. 면단위, 시군단위로는 어림없다.

품목별로, 또는 상호 보완이 되는 품목별로 '제스프리'보다 사업을 더 잘하는 세계적인 농산물유통회사, 또는 전문조합을 만들어야 한다. 조합원이 생산한 농산물의 제값을 받아주는데 그치지 않고 판매사업에서도 수익을 내고, 배당을 할 수 있는 수준이 되어야 한다. 우리 농산물은 중국 등 세계시장으로 제값에 수출되지 않으면 안 된다. 중국 시장에서 우리 농산물을 명품으로 자리매김하게 하고, 원하는 만큼 수출하는 일, 보통의 사업역량으로 할 수 없는 일이다. 그러나 뉴질랜드 농민들이 이미 해낸 일을 우리 농민과 농협이 못해낼 것도 없지 않은가?

품목별 유통회사·판매전문조합을 육성해야 한다

　같은 품목을 재배하는 농민들끼리 글로벌 경쟁력 있는 품목별 유통회사, 또는 전문조합을 만들어 가야 한다. 해당 품목의 판매·수출사업을 가장 잘하는 조합, 또는 농업법인들을 통폐합하여 세계적인 품목별 유통회사, 또는 판매전문조합으로 키워나가는 것이 가장 현실적인 방법이다. 그렇다 하더라도 글로벌 경쟁력 있는 회사, 또는 조합을 만들기 위해서는 그만한 역량이 있는 CEO와 중간관리자를 확보하는 것이 가장 중요한 과제다. 기존의 농협 임직원을 최대한 활용해야겠지만, 핵심인력의 확보를 위해서는 이런 제약요건에 구애되지 않고 과감한 인력스카우트를 해야 한다. 주도적인 주인이 없는 농민들의 회사 내지 조합에서 과감한 행동이 쉽지는 않을 것이다. 이는 결국 품목 농민지도자들이 어떤 비전을 가지고 어떤 판단을 하느냐에 달려 있다.

　품목별 유통회사의 경영권과 소유지분은 영농규모, 또는 출자에 비례하는 회사형이냐, 1인1표주의 조합형이냐에 따라 달라진다. 선진국의 경우 조합의 특성을 어느 정도 살리면서도 영농규모, 또는 출자액에 비례하는 회사 형태를 지향하고 있다. 특히 민간회사가 뛰어난 사업역량을 가진 경우, 이를 인수합병하거나, 공동 경영 내지 위탁경영을 하는 것을 주저하지 말아야 한다. 경영 역량은 하루아침에 형성되는 것이 아니기 때문이다.

　예를 들어 양파유통의 경우, 독보적인 경쟁력을 확보하고 있는 신미네유통사업단을 인수하거나, 공동경영을 하거나 위탁경영을 하는 방안을 적극적으로 검토해야 한다. 어떤 경우에도 생산자들이 하나로 뭉쳐져 있으면, 불이익을 걱정하지 않아도 되기 때문이다. 여기에 전국의 양파주산지의 조합이나, 영농법인도 참여하는 판매창구의 일원화를 이루어나가야 한다.

품목별 생산자들이 먼저 하나로 뭉쳐야 한다

 농산물유통회사의 설립 이전에 품목별, 또는 상호 보완이 되는 품목별로 생산자들이 단단한 '대표조직'을 먼저 결성해야 한다. 생산자 대표조직이 이 모든 일을 추진해야 하기 때문이다.

 품목별 유통회사 내지 전문조합은 품목관련 R&D, 생산지도, 판매와 수출, 가공 등의 업무와 사업을 수직적으로 통합 수행토록 함으로써 시너지 효과와 시장지배력을 확보해야 한다.

 산지의 출하창구를 일원화함으로써 대등하거나, 우월한 입장에서 대형마트 등 소매단계업체와 거래를 할 수 있게 해야 한다. 생산자들의 힘이 커지면, 소매단계의 업체들은 우리 농산물 '할인' 판매경쟁을 할 수도 없을 것이며, 수입 농산물을 마음대로 수입해 팔기도 어려워질 것이다. 제스프리 한국지사는 대형마트들에게 값싼 경쟁국의 키위를 팔지 못하게 했다는 이유로 공정거래위원회부터 과징금 처분을 받았다. 생산자조직이 한 발 더 진화하면, 대형유통업체라 하더라도 우리 농산물 판매를 위한 거대한 계열화조직의 '파트너' 내지 고객업체로 만들 수 있다.

생산자조직이 아무리 커져도 그 방대한 소매시장을 독과점할 수 없다. 그것보다는 독과점적인 위치에서 소매업체들에게 상품을 공급하는 전략을 써야 한다. 이런 관점에서 민간소매업체를 견제한다는 대도시의 농협 하나로마트사업은 의미가 없다. 그럼에도 새로 출범하는 경제지주회사는 직영 하나로마트를 현재의 56개에서 108개로 늘리겠다고 한다. 오히려 기존의 사업장을 팔아서 그 자원을 소매 이전의 산지 및 중간유통단계를 장악하는데 투입하는 것이 정도다.

임직원에 대한 교육훈련 프로그램이 강화돼야 한다

지금까지의 농협 경제사업은 '땅 짚고 헤엄치기'였다. 적자가 나더라도 불가피한 것이라 했다. 얼마간 일하다가 다른 자리로 옮겨가면 그만이었다. 사업에서 적자를 내지 않으면서 우리 농산물의 제값을 받아주기 위해서는 임직원들의 자세와 역량이 획기적으로 업그레이드 되어야 한다.

임직원들의 정신자세와 사업역량을 세계적인 수준으로 끌어올릴 수 있도록 인사체제를 혁신하고, 교육훈련을 대폭 강화해야 한다. 우리 국민은 자기가 한 일에 대해 정확하게 평가하고, 보상하면 무섭게 일하는 성향이 있다. 근무 연수에 따라 직급과 연봉이 올라가는 방식을 철폐하고, 업적에 따라 직급과 연봉이 올라가는 인사체제를 확립해야 한다. 치밀하고 충분한 교육훈련을 받게 해야 한다. 그렇다하더라도 일정 수준의 외부 수혈없이는 변화가 어려울 것이다.

유통회사 아래 R&D 전담조직을 반드시 두어야 한다

품목별로 "피를 흘리는 연구개발"을 위해 품목별 유통회사 아래 전담 R&D조직을 두는 것이 필요하다. 별도의 R&D센터를 두는 경우에도 품목별 유통회사와 품목별 대표조직이 주도하게 해야 한다. 소비자가 원하는 품질의 생산과 수확 후 관리를 위한 기술과 노하우의 개발은 현장과 밀접하게 연결되지 않으면 안 되기 때문이다. 연구개발도 그 품목의 성공과 실패와 직결되지 않으면 안 되기 때문이다. 제스프리도 R&D부서를 산하에 두고 있다. 우리나라의 일반 기업들도 크기만 다를 뿐 모두다 R&D부서를 산하에 두고 있다. 또한 R&D부서의 전문가들은 농가별 기술수준과 재배환경에 맞는 맞춤지도를 함으로써 조합원 모두가 최고 품질의 농산물을 생산할 수 있게 해야 한다.

④ 자회사와 산하조직을 주인인 농민의 입장에서 대폭 정비해야 한다.

자회사가 중앙회 퇴직임원, 또는 퇴임조합장들이 '완전히 퇴직을 하기 전에 거쳐 가는 직장'이 되지 않도록 해야 한다. 농협중앙회 산하에 자회사가 25개나 있다고 하지만 조합원들은 어떤 회사가 있는지, 경영진은 어떻게 임명되는지, 손익이 어떤지 전혀 알지 못한다.

따라서 자회사의 운영을 투명하게 하고, 조합원 지배체제를 확립해야 한다. 자회사의 운영은 설립 목적과 관련된 조합원 대표와 전문가로 구성된 이사회가 실질적으로 지배하는 체제가 되어야 한다. 그 수익을 관련된 조합원들이 가질 수 있는 지배체제를 확립해야 한다. 또한 자회사의 설립 목적과 기능을 원점에서 재검토하여 정비해야 한다. 조합원을 위해 반드시 필요한 기능이면 손해가 나더라도 해야 한다. 수익을 내기 위한 사업장이면 철저하게 수익을 내도록 해야 한다.

예를 들면, 농협대학의 기능을 신규 조합직원 양성에서 기존 직원 및 조합 임원의 업무역량을 강화하는 쪽으로 전환해야 한다.

조합원의 돈으로 붕어빵 같은 직원을 양성할 이유가 없다. 자비로 교육과정을 마치고 취업을 하려는 인재가 수없이 많다. 이들 중에서 필요한 인재를 선발하여 '짧은' 기간의 직무수행능력 배양과정을 거쳐 조합에 배치하면 된다. 신규 직원을 양성하던 예산과 인력으로 기존 직원의 업무능력을 높이고, 조합경영에 참여하는 조합원 대표들의 역량을 높이는 교육을 강화해야 한다.

⑤ 농민들 사이에 진정한 협동운동이 일어나도록 조합원 교육을 혁신하고, 조합원을 대표한 농민들이 누려온 '특권'을 없애야 한다.

농민들의 진정한 협동은 끊임없는 교육과 적절한 보상에 의해 이루어진다고 했다. 조합원 농민들의 자조·자립·자율의 협동조합 정신을 깨울 수 있는 교육이 강력하게 추진돼야 한다.

우선 독립적인 교육위원회를 만들어 조합원 교육의 방향과 프로그램을 새로 만들어야 한다. 중앙회 직원들에 의한 지금의 조합원 교육은 조합원들의 진정한 협동정신을 오히려 무디게 할 뿐이다. 지금의 임직원 지배체제를 정당화하고, 세뇌시킬 뿐이다.

또한 진정한 협동조합 운동가를 양성하여 품목조직과 지역조직에서 활동하도록 해야 한다. 이들이 현장에서 조합원 농민들과 끊임없이 소통하며 농민들을 격려할 수 있도록 해야 한다.

조합장과 이감사가 누리는 특권을 없애야 한다

조합장과 이감사가 누리는 권력과 이익을 없애 지금의 농협체제를 유지하려는 농민 지도자들의 미련을 없애야 한다. 그래야 모든 농민 지도자들이 힘을 합쳐 농협의 재편을 시도할 수 있고, 고질적인 돈 선거를 막을 수 있다.

많은 농민 지도자들이 조합장과 임원을 욕하면서도 호시탐탐 그 자리를 노리고 있다. 내심으론 조합장 중심의 지역조합체제의 변화를 바라지 않고 있다. 자리에 따르는 돈과 권력이 너무 많기 때문이다. 중앙회장의 연봉이 '12억이 넘는다' '아니다. 7억 원이 조금 넘을 뿐이다'는 공방이 있을 정도다. 인사권은 전국에 미친다. 엔간한 조합장의 연봉도 1억 원이 넘는다. 인사권과 사업집행권을 다 가지고 있다. 면 내에서 실질적인 최고 권력자다. 무슨 수를 써서라도 당선되겠다는 욕심을 낼 수밖에 없다.

따라서 조합장을 무보수 명예직으로 하고, 이·감사 수당도 낮춰야 한다. 선진국의 경우, 협동조합을 포함한 농민조직의 농민 대표들은 모두 무보수 명예직이다. 조합의 경영이나 조직의 운영은 전문경영인이나 사무총장에게 맡기고, 많아야 일주일에 2, 3일 출근하여 의사결정을 하고 방향을 제시하는 역할을 한다.

이와는 달리 자리 자체에 돈과 권력이 많이 걸려 있을수록 일하는 것보다는 자리를 차지하기 위해 나서는 사람이 많아진다. 조합장 선거가 돈으로 얼룩지고, 단체장 선거가 치열해지는 이유가 여기에 있다. 또한 농민대표가 직접 경영을 하고 책임을 지다보면, 직원들에 의지할 수밖에 없고 그들과 한 편이 될 수밖에 없다. 농협 개혁을 외치던 수많은 농민 지도자들이 조합장이 되고 나면, 똑 같아지는 이유가 여기에 있다.

조합장은 이사회에서 호선하고, 이사회의장으로서의 역할을 하게 해야 한다. 그래야 권한의 집중을 막고, 민주적인 운영을 할 수 있다. 조합장과 이사들은 힘을 합쳐 조합원을 이끌고, 조합의 경영을 지도·감독하게 될 것이다.

이사회는 전문경영인을 선임하고, 이사회가 실적을 평가하여 보상을 하거나 책임을 묻는 체제가 되어야 한다. 직접 경영을 하기는 어려워도 경영을 잘하고 있는지, 못 하고 있는지 평가하는 것은 그래도 쉽기 때문이다. 그 대신 이사들의 분과위원회 활동을 활성화하고, 교육을 강화해야 한다. 이사들은 2~3개 분과위원회에 참여하여 조합이 어떻게 돌아가고 있는지를 점검하도록 해야 한다. 조합 경영에 대한 이해를 높이고, 경영평가 역량을 높여주는 교육도 받아야 한다.

⑥ 농협중앙회의 경제사업 활성화를 위한 정부지원금은
 한국판 '제스프리'와 '대니시 크라운'를 만드는데 써야 한다.

　효율적인 농산물판매사업 체제가 확립되면, 농협중앙회가 끼어들 자리가 없다. 농민들이 제값을 받기 위해서는 품목별로, 보완이 되는 품목별로 하나로 뭉쳐야 한다. 그 품목별 사업조직이 국내 판매는 물론 가공과 해외시장개척까지 해야 한다. 산지에서부터 국내시장은 물론 수출시장의 도매에 이르기까지 수직적인 통합 경영체제를 구축할 때, 가장 강력한 시장지배력을 발휘한다. 이렇게 되면, 중앙회라는 단계를 거칠 이유가 없다. 현재 상태에서도 판매사업을 잘 하고 있는 일부 조합에서는 "쓸데없이 중앙회를 거치게 하고, 수수료를 뗄 것"이란 걱정을 하고 있다.

　여러 품목을 일괄 구매하고 배송하는 기능이 필요하다고 할 수 있다. 그렇지만 현재의 도매시장보다 더 다양한 상품을 수집하고, 판매할 수 있는 역량을 갖출 수 있을 것이라고 생각하는 사람은 없을 것이다. 이런 기능은 기존 도매시장의 시설과 기능을 조정하면 된다. 또 다시 돈을 들여 새로운 시설을 하고, 사업조직을 만들 이유가 없다. 생산자들이 품목별로 하나로 결속하고, 다른 품목과도 협력할 수 있으면 도매시장의 유통인은 물론이고 재벌유통회사도 두려울 게 없다. 우리나라에 진출해 있는 뉴질랜드 키위농민들의 회사 제스프리가 대형마트에 압력을 넣어 값싼 칠레산 키위를 못 팔게 했다는 것, 그래서 공정거래위원회로부터 과징금 처분을 당했다는 것을 보면서도 아직도 '도매유통센터 운운'하면서 수백억 원, 아니 수천억 원의 돈을 투입하고 있다. 여기다 "소매유통을 강화해야 한다"는 논리로 직영 하나로마트 사업도 대폭 확대한다고 한다. 그래도 아무도 문제 제기를 하지 않고 있다.

주인이 있어야 사업을 '목숨'걸고 할 수 있다

중앙회 중심의 경제사업체제는 주인이 없다. 주인 없는 회사에, 넥타이 맨 직원으로 사업에 성공하기는 하늘의 별따기보다 어렵다. 사업은 목숨을 걸고 해야 하는 것이다. 경쟁이 얼마나 치열한지 '주인 없는 조직'의 월급쟁이는 모른다. 농협경제 직원들의 급여가 유통업계보다 얼마나 높은지는 정확히 모른다. 그러나 금융 분야의 높은 연봉을 감안하면 결코 적지 않을 것이다. 자칫 잘못하면, 경제사업 활성화를 위한 정부 지원금이 직원들의 그 높은 급여를 뒷받침하는 재원이 되고 말았다는 비난을 받게 될 날이 올지도 모른다.

경제사업 활성화를 위한 정부지원금은 한국형 '제스프리'나 '썬키스트' '대니시 크라운' 같은 글로벌 경쟁력 있는 농산물 유통회사를 육성하는데 써야 한다. 중앙회 임직원 중심의 월급쟁이 회사가 아니라, 품목 농민중심의 전문조합이나 회사를 육성하는데 써야 한다.

2 품목별대표조직을 육성하라

 농업 문제의 기본은 각 품목별로 정책과 시장에서 대응을 잘해야 한다. 품목관련 정책을 제대로 세우고 집행하기 위해서는 품목 농민들의 뜻을 제대로 반영할 수 있어야 한다. 글로벌경쟁시장에서 우리 농업이 살아남기 위해서도 품목별로 시장 대응을 잘해야 한다.

① 농민들은 반드시 품목별로 조직화되어야 한다.

 선진국의 경우, 같은 품목을 생산하는 농민들의 조직화가 잘 되어 있다. 농민들은 많은 시행착오 끝에 시장과 정책에 효과적으로 대응하기 위해서는 서로 협력하는 것이 최선이라는 것을 알게 되었기 때문이다. 같은 품목을 생산하는 농민끼리 서로 경쟁하지 않고, 서로 협동하여 유리한 판매조건을 이끌어냈다. 또한 한 목소리를 내어 품목에 유리한 정책을 이끌어냈다. 특히 뉴질랜드 · 덴마크 · 네덜란드와 같은 강소국의 경우, 한 품목의 농민들이 나라 전체로 하나의 대표조직을 만들고 있다. 그들은 별도의 조직으로 생산된 농산물을 판매 · 수출하는 회사, 또는 전문조합을 만들어 운영하고 있다. 둘 다 생산자들이 만든 조직이지만, 각 조직의 활동 목표와 활동 방식은 전혀 다르다. 대표조직은 주로 농정활동을 하고, 품목 유통회사 및 조합은 판매 · 수출 등 기업적 경영 활동을 주로 하고 있다. 기업적 경영활동은 당연히 시장논리에 바탕을 두고 있는 반면, 농정활동은 정치논리에 바탕을 두고 있다. 그렇지만 서로 긴밀히 협력하여 품목 생산자들의 이익을 극대화하고 있다.

정책 대응기능과 시장 대응기능은 구분돼야 한다

우리나라의 경우 시장대응 기능과 정책대응 기능을 구분한다는 개념이 명확하지 않다. 품목별 대표조직이 수급조절, 경쟁력 제고, 품질 관리, 마케팅 등 모든 기능을 다 수행하여 해당 품목의 문제를 스스로 해결해 나가게 한다는 개념이다. 조직의 구성과 운영에 정치논리와 시장논리가 '짬뽕'이 되어 시장 대응도, 정책대응도 제대로 하기 어려운 구조다.

세계의 농업강국과 '완전' 자유무역을 하게 된 지금 우리 농업이 살아갈 수 있는 길은 가장 효율적인 정책 및 시장대응조직을 갖추는 것이다. 뉴질랜드·덴마크·네덜란드 농민들보다 더 효율적인 대표조직과 기업적 경영조직을 가져야 한다. 품목 관련 이해관계자들이 모두 모여서 해당 품목 농업회의소를 만든다는 생각으로 대표조직을 만들어야 한다. 그래야 정책에, 시장에 어떻게 대응할 것인지 방향을 결정하고 행동을 같이할 수 있다. 그런 다음에야 보다 강력한 판매·수출사업조직을 만들 수 있다.

② 정부가 품목별 대표조직의 결성과 활동을 적극 뒷받침해야 한다.

나날이 치열해지는 글로벌 경쟁시장에서 살아남기 위해서는 선진국의 대응체제보다 더 효율적인 대응체제를 구축해야 한다. 농민지도자들은 품목별 시장 및 정책 대응조직의 필요성을 절감하고, 하루라도 빨리 대표조직을 만들고, 글로벌시장 대응조직도 정비해야 한다. 정부는 개별농가의 육성정책에서 벗어나, 품목별 대표조직의 육성에 적극 나서도록 해야 한다.

품목별 대표조직의 결성과 활동에 필요한 예산의 항목과 금액에 지나친 제한을 없애야 한다. 큰 지침의 범위 내에서 신축적으로 운영할 수 있게 하고, 필요한 예산을 충분히 지원해야 한다. 조직의 크기와 특성에 상관없이 조직별 예산지원 한도를 1억5천만 원으로 제한해서는 대표조직을 조기에 활성화하기 어렵다.

대신에 농민조직에 능력 있는 퇴직 공무원을 1~2명 배치하여 농민조직에 부족한 행정 역량을 보충하고, 예산집행에서 적정성과 신뢰성을 확보하는 것이 필요하다. 품목별 대표조직의 필요성과 기능에 대한 충분한 교육과 토론도 진행되어야 한다. 농민들의 공감과 참여를 이끌어내는 활동이 적극적으로 펼쳐져야 한다.

품목별 대응체제가 가장 우선적인 과제이지만, 품목 간의 갈등을 방지하고 상호협력을 이끌어내기 위해서는 부문별 협의체를 두어야 하며, 최종적으로는 모든 품목대표가 참여하는 농민대의기구가 결성되어야 한다.

3 농업R&D 및 교육체제를 혁신하라

우리 농업의 경쟁력을 좌우하는 가장 중요한 요소는 우리 농업과학기술 수준이다. 그 농업과학기술을 배워서 적용하는 농가의 영농기술 수준이다. 우리 농업기술을 세계 최고수준으로 발전시키려면 영농기술 개발과 지도를 맡고 있는 농촌진흥청, 농업기술센터, 그리고 농과대학 등 농업계 연구 및 교육기관을 다음과 같이 개편해야 한다.

① 전국의 시군농업기술센터를 품목별 연구 및 교육훈련, 특수기능기술연구훈련소로 재편해야 한다.

지역 내 모든 품목에 대해 '백화점'식 연구를 하고, 지역 농민만을 지도해야 하는 현재의 시군기술센터와 특화연구소는 재편되어야 한

다. 시군기술센터는 잘할 수 있는 품목을 선택하여 집중 연구하는 세계 최고의 품목연구소가 되어야 한다. 세계 최고의 품목교육훈련 및 컨설팅기관이 되어 전국의 해당 품목 농민들을 대상으로 기술교육과 영농지도를 할 수 있어야 한다.

품목연구소는 원칙적으로 품목별 대표조직, 또는 유통회사의 산하에 설치되어야 한다. 아니면 정부와 주산지 지방자치단체, 품목대표 조직 등이 공동 출연하는 출연연구기관으로 해야 한다. 아니면 공무원 신분을 유지하되, 지방자치단체에서 떨어져 나와 전국적인 조직이 되어야 한다. 어떤 형태로 하든 운영은 품목농민들이 주도하는 체제가 되어야 한다. 연구를 수행하는 연구자나, 연구의 결과를 이용하는 사람이 '공동운명체'가 되어야 하기 때문이다. 농민들에게 연구를 위한 연구는 의미가 없다.

농민들이 돈을 벌기 위해서는 혁신적인 기술 및 신품종이 개발되어야 한다. 단순히 과학적으로 혁신적인 기술이 아니라, 시장이 알아주는 기술이어야 한다. 연구과제의 선정은 물론 연구결과의 평가도 시장에서의 성공 여부와 그 가능성에 맞춰져야 한다. 농민들이 돈을 벌 수 있느냐 없느냐를 가장 중시해야 한다.

그러므로 얼마의 연구비로, 무엇을 연구할지, 성공 보상을 어떻게 할지는 그 연구로 돈을 벌게 되는 사람들이 주도적으로 결정할 수 있어야 한다. 당연히 연구 및 운영비의 일정 부분도 품목 농민들이 부담해야 할 것이다. 그렇지만 많은 부분의 연구 및 운영비는 정부에서 지원해야 한다.

다양한 분야별 전문가들과 네트워킹체제를 구축해야 한다

품목별 전문연구소는 해당 품목연구 및 교육 훈련의 네트워킹의 중심이 되도록 해야 한다. 혁신적인 연구는 몇 사람 전문가의 좁은 안목에서 나올 수 없다. 다양한 분야 전문가들의 안목이 융합되어야 한다.

품목연구소가 중심이 되어 연구과제 마다 관련된 국내외 연구기관 및 대학의 전문가들과 연구네트워킹체제를 구축해야 한다. 품목연구소는 해당 품목관련 연구를 총괄하고, 정보가 집적되는 중심이 되어야 한다. 뿐만 아니라 품목연구소는 해당 품목관련 기술교육의 중심이 되어야 한다. 현장 지도의 중심이 되어야 한다.

일부 기술센터는 기계수리, 철공, 목공, 토목 등 전통적인 기능기술을 연구하고 가르치고 실습하는 특수기능연구 및 훈련소가 되어야 한다. 또 다른 일부는 농촌체험 및 민박 경영, 식품가공, IT기기 및 사이버공간 활용 등에 관한 특수기능연구훈련소가 되어야 한다. 왜냐 하면, 농민은 '만능기술자'가 되어야 하기 때문이다. 기술센터와 특화연구소는 시군에서 떨어져 나와 국가의 지원과 감독을 받는, 농민과 함께 하는 교육훈련기관이 되어야 한다.

② 농촌진흥청은 농업 기초과학 및 원천기술을 연구하는 '독립'연구기관으로 재편해야 한다.

최고의 기술력과 경쟁력을 확보하기 위해서는 기초과학의 발전과 원천기술의 개발 없이는 불가능하다. 상대방보다 월등한 기술, 삶의 질을 바꿀 수 있는 기술은 기초과학과 원천기술에서 나온다. 로열티를 주고 기술을 들여와서는 결코 잘 살 수 없다. 비싼 돈 주고 종자와 종구를 들여와서는 우리 농업이 돈을 벌 수 없다. 원천기술이 없는 우리 IT업계가 단순한 '하청업자'가 될지도 모른다는 걱정을 하고 있다. 하청업자끼리 원가절감 경쟁을 하는 동안에 원천기술 보유자는 더 많은 수입을 올리게 될 것이다. 애플이 40% 가까운 수익률을 기록하는 동안 대만과 중국의 애플하청회사의 수익률은 1~2%수준을 헤매고 있다.

청장의 잦은 교체와 정부 간섭이 문제다

농업과학기술분야의 최고 연구기관인 농촌진흥청은 농업기초과학에 관한 연구는 물론 '돈이 되는' 응용기술, 현장기술의 연구 개발도 '책임'지고 있다. 농가소득 증대의 책임도 지고 있다. 생활개선도 책임지고 있다. 정부의 간섭과 감독을 받을 수밖에 없는 구조다.

농업과학기술에 대해서는 '문외한'인 농림수산식품부 1급 공무원 또는 차관이 청장으로 내려와 자기 색깔에 맞는 '10년, 20년 농업기술개발계획'을 수립하여 발표하고는 1년도 안 돼 떠나는 경우가 되풀이되고 있다. 1993년 12월 UR협상이 타결된 이후, 2009년 1월까지 15년 동안 진흥청장은 11명이나 바뀌었다. 이중 농림부 출신이 6명이고, 진흥청 출신이 4명이었으며, 농민단체 사무총장 출신도 있다. 재임기간은 평균 1년4개월이었다. 2009년 이후에도 두 명이나 더 바뀌었다. 두 사람 다 농림부에서 내려간 셈이다. 장기간에 걸친 꾸준

한 연구, 계획적인 연구, 기초과학연구가 이루어지기 어렵다. 과학기술에 관한한 전문가라고 자부하는 연구원들의 자존심과 사기가 떨어질 수밖에 없다.

연구과제 선정 · 평가 · 보상방식이 바뀌어야 한다

농업분야 최고 연구기관인 농촌진흥청은 무슨 연구를 할 것인지, 연구가 제대로 되었는지에 대한 평가도 스스로 하고 있다. "선수와 심판을 겸하고 있다"는 비판을 받고 있다. 더 이상 잘 할 수 없는지, 어떤 점이 부족한지 통렬한 비판이 있을 수 없다. 국가연구비를 지원받으려는 연구자들은 아무도 진흥청을 비판할 수 없다. 선수가 심판을 비판할 수 없기 때문이다. 우리 농업기술과 생산성이 선진농업국에 한참 뒤져 있어도 그것이 연구 개발의 부진 때문일지 모른다는 얘기를 아무도 할 수 없다. 농민들이 '이게 아니다'며 뭔가 큰 변화를 요구했지만, 진흥청의 조직적인 반대와 농식품부의 준비 부족으로 유야무야되고 말았다.

기초과학의 발전과 원천기술의 개발을 촉진하기 위해서는 연구과제의 선정에서부터 평가와 보상방식이 지금과는 달라야 한다. 기초과학의 연구와 원천기술의 개발은 탁월한 연구자가 10년, 20년, 심지어 평생에 걸쳐 끈질기게 연구할 때 성과를 거둘 수 있다. 그렇게 연구를 하더라도 당초에 생각했던 연구 결과를 100% 얻는다는 보장이 없다. 목표로 한 결과를 얻더라도 그것 자체로 돈이 되는 경우가 드물다. 어떤 경우에는 상당한 세월이 지난 후에야 그 기술을 활용하는 제품이 나오기도 한다. 기업 또는 개인이 그 연구결과를 응용하여 혁신적인 품종이나 제품을 만들고, 그것이 시장에서 잘 팔려야 하기 때문이다.

반대로 기초과학과 원천기술에 관한 연구는 연구를 하는 과정에서 생각지도 못했던 성과를 거두기도 한다. 노벨과학상을 받은 연구물 중에는 당초의 연구에서는 생각지도 않았던 '부산물'인 경우가 적지 않다. 경제성도 없는 항공우주분야에 대한 연구와 투자를 계속하는 것도 이런 이유에서다. 그러므로 기업보다는 수지를 크게 따지지 않는 국가연구기관 및 대학에서 맡아야 하는 것이다.

기초과학 및 원천기술에 관한 연구과제의 선정과 평가는 농업 및 유관분야의 최고 과학자들 위주로 구성된 '농업과학위원회, 또는 농업과학한림원'(이하 '농업과학위원회')으로 하여금 스스로 통제하도록 해야 한다. 정부에서 임명하는 진흥청장은 연구행정책임자의 역할을 하거나, 농업과학위원회의 일원이 되도록 해야 한다. 누가 무엇을 연구하고, 각자의 연구가 어떠한 성과를 내고 있는지는 진짜 전문가가 아니면 알 수 없기 때문이다. 그러므로 이런저런 간섭 없이 최고과학자들의 양심과 소신에 맡겨두면, 그들은 획기적인 결과를 내놓지 않고는 베길 수 없을 것이다. 정부와 농민 대표는 그들의 심의과정에 참여하여 의견을 제시하고, 그들의 심의과정을 '감시'하는 역할만 하면 된다.

성과주의를 적용하고 재임용심사제를 도입해야 한다

　원천기술과 기초과학을 연구하는 국가연구기관에도 성과주의는 적용되어야 한다. 일단 들어오면, 평생 상당수준의 직위와 보수가 보장되는 공무원 연구자의 신분보장제는 바뀌어야 한다. 대학교수나 법관처럼 재임용심사제를 도입하여 실적이 부진한 연구자는 자동으로 다른 길을 모색하게 해야 한다. 그리고 연구책임자의 권한을 강화해 주어야 한다. 연구는 일상적으로, 체계적으로 강도 높게 진행되어야 하기 때문이다. 과학기술은 민주주의로 결정되는 게 아니기 때문이다. 일반연구자에 대한 평가는 연구책임자가 주된 권한을 행사하도록 하고, 연구책임자에 대한 평가는 농업과학위원회가 행사토록 해야 한다.

　농업과학위원회의 평가로부터도 자유로운 상태에서 연구를 할 수 있는 '국보급' 농업과학자제도도 필요하다. 농업과학위원회의 특별결의로 선발되고, 연구 과제를 스스로 결정하며, 연구예산에서도 거의 제한을 받지 않는 최고의 과학자로 예우하는 것이다. 제한 없이 생각하고 연구할 수 있는 상태에서 우리 삶의 질, 경쟁의 틀을 바꿀 수 있는 연구결과가 나온다고 했다. 우리 농업은 경쟁의 틀을 바꿀 수 있는 획기적인 연구결과가 필요하다.

　이와 관련된 일화가 있다. 미국에서 중국으로 돌아온 로켓전문가 전학삼 박사는 모택동 주석을 만나 15년 동안 인재와 돈은 대되, 아무런 간섭을 하지 않을 것을 요구했다고 한다. 모택동 주석은 이를 받아들였고, 정확히 15년 후 1970년 4월에 중국의 인공위성이 하늘을 날았다. 최고의 과학자에게 '연구의 자유'를 주어야 하는 이유가 여기에 있다. 연구자에 대한 신뢰가 약하거나, 눈에 보이는 성과를 기대하는 상태에서는 최고의 연구가 이루어지기 어렵기 때문이다.

4 농업회의소를 설립하라

 농업회의소는 행정과 대등한 힘과 전문성과 책임성을 가진 농민 대표 조직을 만드는데 있다. 생각과 이해관계가 다른 '300만 농민'의 의견을 '하나로' 수렴하는 데 있다.

 품목·지역·계층·이념에 따라 뿔뿔이 흩어져 있는 농민들과 제 목소리만 고집하고 있는 농민단체들은 하나의 의사결정기구에 참여해야 한다. 타협과 조정을 거쳐 '한목소리'를 내야 한다. 회의소 운영에 필요한 사람과 재원을 확보해야 한다. 어느 것 하나 쉬운 게 없다. '100인 101각 달리기'처럼 어렵다.

① 농업회의소는 농민들의 참여와 지지가 강한 조직들로 구성되어야 한다.

　농업회의소는 농업·농민의 문제를 정책적으로 해결하기 위한 기구로서 농민들의 참여와 지지가 가장 중요한 요소다. 농민들의 참여와 지지가 없으면, 농민조직은 아무런 힘을 발휘하지 못한다. 행정과 대등한 논의구조를 만든다는 기본 취지가 무너지는 것이다. 그러므로 농업회의소는 농민들의 참여와 지지가 강한 농민조직들로 구성되어야 한다. 품목, 지역, 또는 농민의 사회·경제적인 지위 향상을 목적으로 하는 여러 농민단체들이 농업회의소 정회원 조직으로 참여해야 한다. 특히 전업 농민과 젊은 농민들의 참여를 촉진해야 한다. 그들은 우리 농업을 이끌어갈 진정한 역군들이기 때문이다. 이런 의미에서 창업농 중심의 농업계 대학과 전문학교의 동창회도 참여하게 해야 한다.

현재 시범사업으로 진행되고 있는 농업회의소사업의 회원자격 규정은 문제가 있다. 우선 농민 개인이 회원으로 참여한다는 것은 대의기구의 개념과 맞지 않다. 대의기구는 생각과 이해관계를 같이 하는 사람끼리 조직을 만들고, 조직의 대표를 통해 의견을 반영하는 체제로 운영되어야 한다.

둘째, 지역조합·농어촌공사 지사 등 지역의 농업관련 기관·단체들이 정회원으로 참여한다는 것도 문제가 있다. 지금의 조합은 농민들의 자발적인 참여와 지지를 받고 있는 조직이라 하기 어렵다. 농어촌공사 지사는 말할 것도 없다. 그런데도 이들 조직은 조직력과 자금력을 바탕으로 '순수' 농민조직 못지않은 위세를 과시하고 있다.

이들 농업관련 기관·단체들은 대표성의 크기에서 제한이 주어지는 농업회의소의 특별회원으로 하는 것이 타당하다. 프랑스 등 농업회의소 모범 운영 국가의 경우, 농협 등은 특별회원으로 참여하고 있다. 그러므로 농협과 농어촌공사, 농업관련 협회 등 기타 농업조직들은 초기에는 옵서버로, 나중에는 특별회원으로 참여하도록 하여 농업회의소가 명실상부한 농업계의 대의기구로 발전해나가도록 해야 한다.

② 각 조직의 의사결정 지분은 회원농민 수에 비례하되,
회원은 정기적으로 일정액 이상의 회비를 납부하는 자로 한정한다.

생각과 이해관계가 다른 농민조직들이 타협과 조정을 통해 지역 내, 또는 '300만 농민'의 의견을 '하나로' 수렴해내야 한다. 의견이 갈리는 경우에도 하나의 의견을 수렴해내야 한다. 농민대의기구를 만들 때, 가장 핵심이 되는 과제는 각 조직의 의사결정 지분을 어떻게 정하느냐 하는 문제다. 프랑스처럼 각 단체에 대한 농민투표로 결정한다면 이상적이지만 현실적으로 어렵다.

그러므로 각 조직이 대변하는 회원 농민의 수에 따라 대의원총회 대의원을 할당할 수밖에 없을 것이다. 이렇게 되면, 농민조직에 참여하지 않는 '많은' 농민들의 뜻이 제대로 반영되지 않을 우려가 제기될 수 있다. 그렇지만 이는 설립 초기단계에서 불가피한 일이다. 왜냐하면 농민들이 시장과 정책에 제대로 대응하기 위해서는 반드시 조직화해야 하는데, 조직화에 동참하지 않는 농민들의 의사를 똑같이 반영하기가 어렵기 때문이다.

각 조직의 회원은 이름만 걸쳐둔 사람이 아니라, 일정액 이상의 회비를 정기적으로 내고 있는 사람, 또는 조직 활동에 참여하고 있는 사람으로 한정해야 한다. 조직의 활동과 운영에는 반드시 돈이 필요하고, 회원들의 참여가 필요하다. 조직의 구성원은 당연히 회비를 내고, 조직의 활동에 참여해야 한다. 회비를 내지 않는 사람, 조직

활동에 참여하지 않는 사람은 그 조직의 활동과 운영에 관심이 없거나, 아무런 기여 없이 이익만 취하겠다는 무임승차자다. 그러므로 함께 목표를 추구하는 진정한 동지 내지 회원이라 하기가 어렵다. 뿐만 아니라, 결속력이 없는 농민조직들로 구성된 농민대의기구는 아무런 힘을 발휘할 수 없다.

특별회원조직에 대해 어느 정도 크기의 의결권을 줄 것인가는 농민대표들 간의 타협과 조정으로 결정될 사항이다. 특히 농협이 진정한 농민의 농협으로 거듭날 경우, 농협에 좀 더 큰 의결권을 주더라도 문제가 되지 않을 것이다. 프랑스 농업회의소의 경우, 약 70%의 대의원은 농민단체들이 차지하고, 나머지 약 30%는 모든 농업관련 단체, 농산업협회 등에 배분되고 있다.

③ 농업회의소 회비는 참여하는 농민조직의 의사결정지분에 따라 부담하되, 지분이 큰 조직에 유리하도록 하여 조직의 난립을 막아야 한다.

농업회의소 회비는 조직별 고정회비와 회원 수에 따른 변동회비로 나누고, 조직별 고정회비를 비교적 크게 함으로써 조직을 통폐합하는 것이 유리하도록 해야 한다. 뿐만 아니라, 회원 수에 따른 납입회비도 회원의 수에 따라 단계적으로 줄어드는 방식을 도입하여 조직 통폐합을 촉진해야 한다.

예를 들면, 각 조직별 고정회비는 1,000만원, 회원 수에 따른 회비는 1,000명까지 1인당 3만원, 1,001명부터 5,000명까지의 회원회비는 1인당 2만원, 5,001명부터 10,000명까지의 회원회비는 1만원, 10,001명 이상의 회원회비는 5,000원, 이런 식으로 말이다. 너무 많은 조직으로 분할되어 있으면 의견을 모으기가 그만큼 어렵다. 대외적으로 힘을 발휘하기도 그만큼 어렵다.

프랑스의 경우, 1위 득표조직에 대의원을 추가로 배정함으로써 '주류'를 형성하는 농민조직에 더 많은 의사결정권을 주는 놀라운 방식을 시행하고 있다.

농협 등 자체적으로 수익을 창출하는 특별회원은 의결권의 크기에 상관없이 많은 회비를 부담해야 한다. 이런 조치를 하더라도 농업회의소 운영에 필요한 재원에는 크게 미치지 못할 것이다. 정책의 수립과 집행, 농민교육 등을 위한 농업회의소의 활동에 대해 정부는 사업대행수수료 형태로 상당한 지원을 해야 한다. 필요하면, 통합금융회사로 하여금 농민대의기구의 활동을 촉진하기 위한 기부금을 내도록 해야 할지도 모른다.

④ 농업회의소 구성의 필요성과 구성의 원칙에 대한 공감대 형성을 위한 끝장토론과 지역별 순회교육을 강력하게 실시해야 한다.

농민의 조직은 농민들이 그 필요성을 절감하고, 적극적으로 참여하지 않으면 아무런 의미가 없다. 그간에 정부가 추진한 많은 정책사업들—품목별 대표조직 육성, 품목별 브랜드사업, 산지유통거점사업 등이 소기의 성과를 올리지 못하는 근본적인 이유는 농민들이 그 정책사업의 필요성을 절감하지 못했기 때문이다. 농업회의소는 대상이 되는 구체적인 사업조차 없기 때문에 더욱 그렇다. 각 농민조직이 자기 목소리를 내지 않고 타협된 하나의 목소리를 내기 위한 의사결정시스템을 만든다는 것이 얼마나 어려운 일인지 모른다. 그러므로 농민들로 하여금 그 필요성을 절감하게 하고, 그것을 만들어가는 과정에서 부딪치는 어려움이 무엇이라는 것을 충분히 알게 해야 한다. 특히, 농민 지도자들은 그 필요성과 구성상의 어려움에 대해 명확하게 알도록 해야 한다.

끝장토론과 지역별 순회교육을 이끌어갈 '농업회의소 출범을 위한 사전준비위원회'를 민간에서 자발적으로 만들게 해야 한다. 농업을 사랑하고 농민으로부터 존경을 받는 농업 및 비농업계의 인사들로 '사전준비위원회'가 구성되어야 한다. 농업회의소 설립 및 운영원칙에 공감대가 형성될 때까지 순회 토론과 교육이 이뤄지게 해야 한다. 그렇지만 준비위원회의 활동비는 정부 또는 비농업계에서 지원하지 않으면, 농업회의소의 조속한 설립은 현실적으로 어려울 것이다. 그렇게 하지 않으면, 농민들이 그 필요성을 깨달을 때까지 진정한 농업회의소는 없을 것이다. 글로벌시대에 반드시 필요한 효율적인 농정 추진체제는 확립되지 못할 것이다. 농정에 대한 불신과 재원의 낭비는 계속될 것이다.

⑤ '비교적 합리적인' 농업회의소 구성 및 운영원칙에 공감하는 농민조직들로 하여금 우선 출범하는 것이 필요하다.

    끝장토론과 충분한 순회교육을 거치고, 상당수 농민조직이 공감할 경우, 농업회의소는 일단 출범해도 될 것이다. 생각과 이해관계가 다른 많은 농민조직들 모두가 동의하고 참여하는 농민대의기구는 만들어지기 어렵다. 전체 농업·농민을 위해 필요하고, 전체적으로 보아 '비교적 합리적인' 기준도 자기 조직에 불리하면 반대하는 게 우리 사회의 풍조다. 어느 선에서의 결단이 불가피하다.

    농업회의소가 전체 농민조직이 참여하지 못한 채 출범하더라도, 정책의 수립과 집행에 전체 농민의 뜻을 수렴하고, 반영하기 위한 절차를 거치도록 해야 한다. 중요한 정책 이슈에 대해 '밑으로부터'의 토론이 충분히 이뤄지도록 해야 한다. 치열한 내부토론을 거쳐 '농민의 뜻'을 정하고, 정해진 농민의 뜻에 대해서는 참여하는 조직이 한목소리를 내고, 함께 행동하도록 해야 한다. 정부와 협의된 정책에 대해서는 농민회원들이 올바로 이해할 수 있게 하는 쌍방향 소통을 하도록 해야 한다. 협의된 정책에 대해서는 정부와 책임을 공유한다는 자세로 적극 협력해야 한다.

⑥ 농업회의소는 각 시군, 시도, 그리고 전국으로 행정구역 및 단계별로 만들어져야 한다.

농업회의소는 지방자치단체 및 중앙정부가 정책을 수립하고 집행할 때의 정책파트너로서 '협치'를 하는데 있다. 그러므로 각 시군과 시도, 그리고 전국을 포괄하는 행정단계별 농업회의소가 있어야 한다.

각 시군에는 품목, 지역, 특정계층 등의 농민을 대표하는 조직이 있게 마련이다. 이들 농민조직들로 하여금 농민대표성의 원칙에 따라 농업회의소를 구성하고, 회비 부담의 기준에 따라 회비를 부담하도록 해야 한다. 도 단위 농업회의소는 시군농업회의소와 도 단위 품목, 계층 등의 조직으로 구성하도록 해야 한다. 전국 단위 농업회의소는 도 단위 지역농업회의소와 전국단위 품목, 계층조직 등이 참여할 수 있게 만들어야 한다.

각 행정단계별 농업회의소의 대의원총회는 참여하는 농민조직의 농민회원 수에 비례하여 할당하고, 회비는 조직별 고정회비와 회원 수에 따른 회비로 산출하여 부담하게 해야 한다.

> ⑦ 농업회의소는 농민이 지배하되, 조직 자체의 운영은 전문직 사무총장이 총괄하게 하여 조직의 성과를 극대화하는 구조로 만들어야 한다.

이사회는 대의원총회의 분포에 따라 구성하되 특정 지역, 품목, 계층 등이 소외되지 않게끔 구성되어야 한다. 예를 들면 여성 대표, 청년 대표, 은퇴농 대표, 다문화가정 대표 등 우리 농업·농촌을 구성하는 사람들의 이해관계와 관심을 대변할 수 있게 해야 한다. 이사 중에서 약간 명의 집행부를 선출하고, 집행부는 호선으로 농업회의 소의장을 선출한 후, 대의원총회의 인준을 받게 하는 것이 적절하다.

이사들의 업무능력을 제고시키기 위해 중요 부서별 약간 명의 이사와 집행이사, 그리고 부서 간부로 분과위원회를 구성하고, 분과위원회는 해당 부서의 업무 동향을 파악하고, 자율적인 의사결정을 할 수 있게 해야 한다. 조직 전체와 관련된 의사결정은 당연히 전체 이사회를 통하게 함으로써 부서별 또 다른 지배체제가 형성되지 않도록 해야 한다.

사무총장은 간부직원 승진후보자를 이사회에 추천하고, 일반직원의 승진과 보직 권한을 가지도록 함으로써 조직을 실질적으로 장악할 수 있게 해야 한다. 대신 총장은 전체 조직의 성과에 대해 이사회에 책임을 지게 해야 한다.

5 농민들의 자강정신을 함양하라

사람은 누구나 꿈을 가져야 하고, 그 꿈을 이루어가고 있다는 믿음을 가질 수 있어야 한다. 그렇지만 꿈은 스스로의 의지와 지혜로 이뤄가야 한다. 아무도 나를 대신하여 내 꿈을 이뤄줄 수 없다. 농민들의 꿈은 농민들의 지혜와 의지로 이뤄가야 한다. 문제가 생기면 정부가 해결해주길 기다릴 게 아니라, 농민들이 해결하든지, 아니면 정부로 하여금 해결하도록 만들어야 한다. 농협이 바뀌지 않으면 바뀌도록 만들어야 한다.

정부와 농업관련 기관·단체들에 의해 끌려가며 불평할 게 아니라, 농민들 스스로의 판단과 의지로 농업관련 기관·단체들을 주도해 나가야 한다. 그런 뜻을 품어야 하고, 그 뜻을 실현하기 위한 방안과 전략을 알아야 한다. 그리고 다 함께 힘을 모아 실현해야 한다. 지속적인 교육과 토론을 통해 농민들은 깨어나야 하고, 조직화되어야 한다. 농민의 권리를 되찾고, 권한도 가져와야 한다. 그리고 책임과 의무도 다해야 한다.

① 농민들이 추구할 꿈과 목표, 그리고 실현방안을 명확하게 알고 행동하는 지도자가 육성되어야 한다.

농민들은 중장기적으로 함께 추구할 꿈과 목표를 분명하게 정립해야 한다. 함께 추구할 꿈과 목표가 없으면, 중구난방이 된다. 꿈과 목표에 이르는 방안과 전략도 분명하게 정립해 두어야 한다. 그래야 분란이 없어진다. 많은 토론과 교육을 통해 농민 모두가 수긍하고 공유해야 한다. 구호에 그치는 꿈과 목표가 아니라, 이룰 수 있다고 믿어야 한다. 아는데서 그치지 않고 실현을 위해 행동으로 나설 수 있어야 한다.

농민들의 꿈은 예나 지금이나 크게 변화가 없다. 200년 전 다산 선생의 '삼농 농업관'도 지금 농민들의 소망과 크게 다를 바가 없다. 문제는 '삼농·안촌(三農·安村)'을 어떻게 실현할 수 있는가 하는 것이다.

농민들은 경제적으로 어려움 없이 살기 위해 무엇을 어떻게 해야 하는지를 분명하게 알고 행동해야 한다. 농민들은 우리 농산물이 제값을 받으려면 무엇을 어떻게 해야 하는지를 분명하게 알고, 행동해야 한다. 정책에 농민의 뜻을 반영하려면 무엇을 어떻게 해야 하는지를 분명하게 알고, 행동해야 한다.

농민들이 활용할 수 있는 인력과 재원이 어디에 얼마만큼 있다는 것을 분명하게 알고, 활용할 수 있어야 한다. 농협을 제대로 개혁하려면 무엇을 어떻게 해야 하는지를 분명하게 알고, 행동해야 한다. '깨어 있는 농민들의 조직된 힘'이 얼마나 위대하다는 것을 분명하게 알고, 행동해야 한다.

끝장토론과 현장 확인, 성공과 실패의 사례를 통해 이 모든 사실과 상황을 분명하게 알고, 흔들림 없는 신념을 가진 지도자를 육성해 내야 한다. 이런 지도자들이 전국의 요소요소에서 현장 농민들과 토론을 벌이며 우리 농업의 희망전도사가 되어야 한다.

② 농민지도자들의 소양과 업무역량을 높이는 다양한 교육훈련과정을 설치, 운영해야 한다.

모든 농민지도자들은 우리 농민들이 함께 추구할 꿈과 목표, 그리고 실현방안과 전략을 분명하게 알아야 한다. 뿐만 아니라 농민지도자들은 자기가 맡은 역할을 제대로 해낼 수 있어야 한다. 세계최고의 품목별 기업경영조직을 지도·감독할 수 있어야 한다.

해당 품목의 세계적인 흐름은 물론 일반경제의 세계적인 흐름도 알아야 한다. 경영지표의 의미를 알아야 하고, 마케팅의 기본도 알아야 한다.

알아야 할 것이 한 두 가지가 아니다. 그래야 경영의 방향을 설정할 수 있고, 전문경영인을 지도·감독할 수 있다. 사외이사가 실력과 도덕성을 갖추었는지를 알아볼 수 있어야 한다. 사외이사의 도움을 받더라도 주인으로서의 역할을 제대로 수행하기 위해서는 기본적인 경영소양이 있어야 한다.

농민지도자들은 농업관련 기관·단체들을 지도·감독하고, 정부 및 지자체와 대등한 위치에서 정책을 논의할 수 있어야 한다. 농민대의기구가 제 역할을 하게 될 경우, 농민들은 농업관련 서비스 기관·단체들을 사실상 주도하게 된다. 이들 기관·단체들은 농민이 과반수를 차지하는 이사회의 지배를 받게 되기 때문이다.

농민지도자들은 이들 기관·단체들의 발전 방향을 제시할 수 있어야 하고, 전문경영인을 지도·감독할 수 있어야 한다. 정부 및 지자체와 대등한 위치에서 정책을 논의하기 위해서도 상당한 소양이 있어야 한다. 농민조직의 사무국 전문요원으로부터 많은 도움을 받는다 하더라도 농민지도자로서의 특별한 협상 노하우와 소양과 리더십이 있어야 한다.

따라서 이들의 소양과 업무역량을 높일 수 있는 다양한 교육프로그램이 운영되어야 한다.

농민과 농민지도자들을 교육할 수 있는 교관요원 교육과정도 있어야 한다. 우리 농업, 우리 농민의 경쟁력은 결국 연구개발과 교육에서 찾을 수밖에 없기 때문이다.

③ 농협연수원, 농민단체가 보유한 연수시설도
농업계 전체의 관점에서 활용하는 방안을 찾아야 한다.

    세계 최고의 농업을 만들기 위해서 전문가들이 세계 최고의 기술을 개발하고, 개발된 기술과 노하우는 필요한 모든 농가에 전달돼 현장에서 실천되어야 한다. 농민들은 끊임없이 공부하고 익혀야 한다. 편리한 곳에 교육훈련시설이 있어야 한다.

    우리 농업계는 많은 교육훈련시설이 있다. 농협중앙회는 전국 곳곳에 대형연수시설을 갖고 있고, 지역 및 품목농협들도 연수시설을 갖고 있다. 진흥청, 도 기술원, 시군농업기술센터에는 물론 농어촌공사와 유통공사에도 교육훈련시설이 있다. 농민단체에도 있다. 농과계 대학 및 전문학교에도 있다. 시설에 비해 교육프로그램과 신념에 찬 강사요원은 턱없이 부족하다. 농민지도자, 교육전문가, 정부당국자로 구성된 농업교육위원회가 농업분야 전체의 교육계획, 시설운용계획 및 예산지원계획을 조정할 수 있어야 한다. 교육성과를 점검하고, 평가하고, 개선안도 도출해야 한다. 그렇지만 큰 틀의 교육계획 내에서 부문별 교육조직이 자율성을 가지고 교육프로그램을 마련하고 시행할 수 있도록 해야 한다.

거듭된 실패와 실망으로 패배감에 젖은 농민들이 우리 농업·농정의 흐름을 농민들의 힘으로 바꾸겠다는 생각을 가지게 하는 일이 얼마나 어렵겠는가? 그러나 '세상의 모든 것은 꿈이 만들어낸 것'이라 했다. 많은 사람들이 같은 꿈을 가지고 함께 나아가면 의외로 쉽게 이룰 수도 있을 것이다. 오로지 남은 문제는 얼마나 빠른 시간 내에, 얼마나 많은 사람이 함께 하느냐에 달려 있다.

제5장

함께 꿈꾸는 미래

1 희망의 꽃이 피어난 우리 농업의 모습

우리 농업에 희망이 있다고 말할 수 있기 위해서는 '삼농(三農)+안촌(安村)'이 실현되어야 한다. 농민지도자를 포함해 거의 모든 사람들은 '우리 농민들이 이 어려운 일을 과연 해낼 수 있을 것인가?'하는 생각을 떨치기가 어려울 것이다.

그러나 '삼농+안촌'이 실현되어 희망의 꽃이 피어난 우리 농업·농촌·농민의 모습이 어떠할 것인지를 상상할 수 있다면, 어떤 어려움이 있더라도 '삼농+안촌'을 실현하려 할 것이다.

왜냐 하면, '삼농+안촌'이 실현된 우리 농업·농촌·농민의 모습은 지금과는 너무나 다른 모습, 너무나 아름답고 멋진 모습이 될 것이기 때문이다.

① 우리 농업은 연구실에서, 농장에서 기술혁명을 이루어 농산물의 품질과 농업 생산성에서 세계 최고수준에 이르러 있을 것이다.

- 품목별 조직 아래 설치된 R&D센터가 외부 연구기관과 강력한 연구네트워크를 구축하고, '목숨을 건' 연구 개발을 함에 따라 품목별 기술과 생산성이 세계 최고수준으로 높아졌기 때문이다.
- 최고의 석학들로 구성된 '농업과학위원회' 회원들이 농업관련 기초과학과 원천기술의 연구개발계획과 평가를 주도함에 따라 국가 및 대학의 R&D 수준이 획기적으로 높아졌기 때문이다.
- 품목별 R&D센터의 전문가가 농가별 맞춤교육과 현장 지도를 주도함에 따라 엘리트 농가는 물론 보통 농가들의 영농기술도 세계 최고 수준으로 상향평준화되었기 때문이다.
- 기초과학과 원천기술연구기관의 연구원들은 가시적인 성과에 매달리지 않고, 장기적인 시각을 가지고 연구에 매진할 수 있다. 또한, 품목별 연구원들은 깊은 전문성을 바탕으로 현장 문제를 해결해 나감으로써 농민들의 신뢰와 사랑을 받게 될 것이다.

② 우리 농산물은 국내시장은 물론 해외시장에서도 세계적인 명품농산물로 인식되어 있을 것이다. 특히, 중국과 동남아에서 우리 농산물은 인기가 높아 비싼 값에 팔리고 있을 것이다.

- 세계 최고수준의 우리 농업과학과 현장기술, 농민들의 영농기술로 세계 최고 품질의 농산물을 생산하고 있기 때문이다.
- 품목별로, 또는 보완이 되는 품목별로 농민들이 하나로 뭉쳐 제스프리, 대니시 크라운보다 사업을 더 잘하는 농산물유통회사, 또는 품목조합을 만들고 이들 회사, 또는 조합이 국내외시장에서 뛰어난 마케팅 전략으로 우리 농산물을 명품으로 자리매김하게 했기 때문이다.

③ 농민들은 생산 과잉이나 판매에 대한 걱정 없이 생산을 하고, 생산된 농산물은 제값을 받으며 팔고 있을 것이다.

- 농민들이 만든 세계적인 품목조합, 또는 농산물유통회사가 해외시장을 적극적으로 개척하여 우리 명품 농산물에 대한 '무한한' 수요를 확보하고 있기 때문이다.
- 농민들이 품목별로, 또는 보완이 되는 품목별로 '하나로' 조직화됨에 따라 농가끼리 경쟁을 하던 모습은 사라지고, '독점 공급자'의 위치에서 가격협상을 하고 있기 때문이다.
- 수출이 안 되는 농산물이 과잉 생산되는 경우 품목별 조직이 농가 간 공평하고 엄정한 방법으로 생산과 출하, 산지폐기량을 조정하여 적정가격을 유지하고 있기 때문이다.

④ 농협은 명실상부한 '농민의, 농민에 의한, 농민을 위한' 조직이 되어 농민에게 거대한 실익을 주는 통합금융조직과 농산물 판매를 책임지는 조직이 되어 있을 것이다.

- 신용사업부문은 중앙회와 조합 구분 없이 통합되고, 농민들에게 그 '지분'이 배분됨에 따라 조합원들이 명실상부한 주인으로서 권리와 책임을 다 하게 되었기 때문이다.
- 중앙회와 조합의 경제사업 부문은 품목별, 또는 보완이 되는 품목별 농산물유통회사, 전문조합 등으로 재편되어 경제사업에 '올인'하고 있기 때문이다.
- 농협의 대의원과 임원 및 조합장은 조합원의 대표로서 일을 하는 자리일 뿐 아무런 특권이나 경제적인 이득이 없게끔 제도가 개선되었기 때문이다.

⑤ 농협신용사업부문은 '끄레디 아그리꼴' 같은 세계적인 금융그룹으로 발전하여 매년 큰 수익을 내고, 그 수익의 상당부분을 농민들에게 배당함으로써 농가경제에도 크게 기여하고 있을 것이다.

- 농협중앙회와 조합의 신용사업이 하나로 통합됨으로써 경영이 크게 효율화되고, 전체 조합원들도 전이용함에 따라 신용사업부문에서 큰 수익을 낼 수 있게 되었기 때문이다.

- 통합금융회사의 그 큰 수익을 조합원 농가에 매년 100여만 원 이상 직접 배당할 수 있게 되었기 때문이다.

⑥ 농업정책이 '농민대표'와 실질적인 협의를 거쳐 수립되고 집행됨에 따라 농정의 현장 합리성과 신뢰성이 크게 높아지고, 농민과의 갈등도 크게 줄어들었을 것이다.

- 농민지도자들이 치열한 토론과 타협을 통해 모든 농민조직이 참여하는 '농민대의기구'가 설립되어 있기 때문이다.
- '농민대의기구'는 명실상부한 농민대표성을 지녔을 뿐만 아니라, 유능한 사무조직의 뒷받침으로 정부, 지방자치단체와 대등한 위치에서 실질적인 협의를 하고 있기 때문이다.

⑦ 농업관련 서비스 기관 및 단체는 정부 또는 중앙이 아니라, 지역농민의 뜻에 따라, 지역농민의 편에서 운영될 것이다.

- 지역의 농업관련 서비스 기관 및 단체가 이사회지배체제로 전환되고, 이사회의 과반수를 지역농민들이 차지하고 있기 때문이다.
- 이사회가 이들 기관·단체의 예산과 운영방향을 결정하고, 최고관리자를 선임하고 평가하게 되었기 때문이다.
- 농민들에게 억울한 민원이 거의 생기지 않을 것이며, 생기더라도 농업관련 기관 및 단체들이 해결해 줄 것이다.

⑧ 농업분야에 사람과 돈이 없어서 일을 못한다는 말은 없어질 것이다.

- 농업관련 기관 및 단체들의 재편에 따라 발생한 여유인력을 농업분야의 꼭 필요한 일을 하는데 투입할 수 있게 되었을 뿐만 아니라, 기존의 기관 및 단체들도 농민을 위한 일에 적극적으로 나설 것이기 때문이다.
- 농협의 신용사업 조직은 물론 경제사업 조직도 상당한 수익을 올리게 됨에 따라 농업·농민을 위한 비영리조직에 상당히 큰 금액의 회비, 또는 기부금을 지원할 수 있게 되었기 때문이다.

⑨ 농민들은 '만능기술자'가 되어 엔간한 일은 스스로 해결하고, 좀 더 적극적으로 농외소득사업을 하게 될 것이다.

- 농민들은 농산물 생산기술과 노하우를 습득하기 위해 '현실과 동떨어진 교육'을 받지 않아도 되고, 농산물 판매에 시간과 노력을 투입할 필요도 거의 없어져 새로운 교육과 농외소득사업에 필요한 시간을 낼 수 있게 되었기 때문이다.
- 농민들은 누구나 경제적인 부담 없이 영농기술은 물론 IT활용, 기계수리, 목공, 철공, 농산물가공, 체험농장 운영 등 전문기술과 노하우를 배울 수 있게 되었기 때문이다.

⑩ 농업은 새로운 성장산업으로 인식되고, 농과계는 물론 타 분야의 유능한 인재들도 농업과 농산업분야로 모여들게 될 것이다.

- 기술과 마케팅 역량에서 세계적인 수준에 이른 우리 농업과 관련 산업이 높은 부가가치를 창출하고, 수출과 일자리 창출에 크게 기여하고 있기 때문이다.
- 농산업의 고도화로 다른 첨단 분야에 뒤지지않는 연봉을 줄 수 있게 되었기 때문이다.

⑪ '농민의, 농민에 의한, 농민을 위한' 조직이 된 농협의 임직원들은 농민들의 신뢰와 사랑을 받고 있을 것이다.

- 농협 통합금융그룹의 지분이 조합원에게 배분됨에 따라 주인으로서 농민의 지위가 확고해졌고, '확고한 주인'이 선출한 농민대표 이사와 전문가 사외이사로 구성된 이사회가 실질적으로 통합금융그룹의 임직원을 지배하고 있기 때문이다.
- 통합NH금융그룹은 매년 큰 이익을 창출하여 조합원에게 큰 실익을 배당하고, 판매조합은 제값에 농산물을 팔아주고 있기 때문이다.

⑫ 공무원은 좀 더 여유를 가지고 중장기 기획업무에 집중할 수 있고, 효율적으로 현장 확인을 할 수 있을 것이다.

- 사업 집행책임의 상당부분을 품목조직 및 농민대의기구에 위임함에 따라 이들 농민조직에 의한 자율 통제와 일차적인 현장 확인이 이루어지고 있기 때문이다.
- 농민대의기구를 통해 사전협의와 검증이 이루어짐에 따라 정책의 시행 착오가 줄어들고, 농민과의 갈등도 줄어들어 뒤치다꺼리 할 일이 줄어들었기 때문이다.

⑬ 농업관련 서비스기관들은 각 기관이 맡은 분야의 지역 농업·농촌 문제를 해결하는데 매진함에 따라 지역농민들의 사랑과 신뢰를 받게 될 것이다.

- 농업관련 서비스기관들이 지역의 농민대표와 관련 전문가로 구성된 이사회의 지배를 받음에 따라 온전히 지역농민과 함께하는 조직이 되었기 때문이다.

⑭ 농민들은 삶에 여유가 생기고, 당당해질 것이며 좀 더 적극적으로 자강운동에 참여하게 될 것이다. 외지인에게도 보다 친절해질 것이다.

- 판매에 대한 걱정 없이 생산을 하고, 생산한 농산물은 제값을 받고 팔아 농업소득이 상당히 안정되어 있기 때문이다.
- 민박·체험농업 등 농외소득사업이 크게 활성화되어 농가들이 소득을 올릴 수 있는 기회가 많아졌기 때문이다.
- 재난에 따른 보험과 보상제도가 정비되어 예기치 못한 불안이 없어지고, 직접지불제도가 정비되어 농가소득이 상향 안정되었기 때문이다.
- 농촌 주민의 삶의 질 향상을 위한 정책이 제대로 시행됨에 따라 농촌생활이 크게 불편하지 않게 되었기 때문이다.
- 행정과 대등한 입장에서 농업정책의 수립과 집행에 간여하고 농업관련

지원 기관·단체의 운영을 주도함에 따라 농민들의 사회적인 활동의 범위가 크게 확대되고, 위상이 크게 높아졌기 때문이다.
- 안전한 농산물을 생산하기 위해, 농촌을 맑고 깨끗하게 만들기 위해 스스로 엄격한 기준을 만들어 실천하고 사회적인 인정을 받음에 따라 '세상을 아름답게 만들고 있다'는 자부심이 생겼기 때문이다.
- 정부도 이루지 못했던 농협개혁, 농정개혁을 농민의 힘으로 이루어냈다는 자부심을 가지게 되었기 때문이다.
- 농민들은 적극적인 조직 활동과 자강운동을 통해 더 많은 것을 이룰 수 있다는 것을 알게 되었기 때문이다.
- 이 모든 농업·농정에 대한 성취로 농업·농촌·농민에 대한 국민의 이해와 지지가 높아지고, 농민에 대한 사회적인 인식이 크게 호전되었기 때문이다.

'희망이 없다'던 우리 농업에 희망의 꽃을 피워낸 우리 농업·농민에 대한 국민의 사랑과 신뢰가 드높아지고, 농민들은 자부심을 가지고 안정된 삶을 살아갈 수 있을 것이다.

2 희망의 꽃 피우기, 상상 이상으로 어렵다

우리 농업에 희망의 꽃이 완전히 피어나게 되면, 농업계에서 일하는 모두가 지금보다는 훨씬 더 행복한 삶을 살게 될 것이다. 자기가 하는 일에 보람을 느끼며 살아갈 수 있을 것이다. 그렇지만 희망의 꽃이 피어나기까지의 과정은 결코 쉽지도 않고, 순탄하지도 않을 것이다. 특히 중앙회와 조합의 신용사업부문을 통합하고, 재편하는 과정에서 도시조합과 일부 농협 임직원은 불이익을 당할 수밖에 없을 것이다. 그로 인한 반발은 상상을 초월할지도 모른다.

우리 농산물을 제값 받고 팔기 위해서는, 농민들이 품목별로 '하나로' 뭉치고, 세계적인 농산물유통회사 내지 전문조합을 가져야 하는데, 20~30명의 작목반 단위로도 뭉치기가 어려운 농민들로 하여금 품목별로 '하나로' 뭉치게 하는 것이 얼마나 어려운 일이겠는가?

임직원을 위한 면단위 지역농협을 국제경쟁력 있는 '품목별 농민들의 사업체'로 재편하기는 얼마나 어렵겠는가? 이웃조합과 합병하기도 어려운 조합들을 품목별로 완전 재편한다는 것이 얼마나 힘들겠는가? 잘 나가는 대기업의 전문경영인과 직원보다 사업을 더 잘하는 사람을 어떻게 확보하겠는가? 조합과 중앙회를 재편하는 과정에서 발생하는 잉여인력을 구조조정하고, 재교육하는 일이 얼마나 어렵겠는가?

농업관련 기관·단체의 반발과 저항이 거셀 것이다

농어촌공사 등 농업관련 기관·단체의 '중앙 지배'체제를 프랑스처럼 '농민 지배'체제로 혁신하는 것이 얼마나 어렵겠는가? 지방자치단체에 속해 있는 진흥원과 기술센터 등 연구 및 지도기관을 다시 중앙 소속으로 만들고, 이를 품목별, 특수기능별 연구 및 교육기관으로 재편하는 것이 얼마나 어렵겠는가? 이를 다시 '농민 지배'체제로 혁신하는 것이 얼마나 어렵겠는가?

국가 또는 지방자치단체의 연구원으로서 놀지 않고 열심히 연구만 하면 평생이 보장되던 신분에서 연구 성과에 따라 불이익도 주어지는 신분으로 바뀌는 것을 아무도 좋아하지 않을 것이다. 실력과 소명의식이 높은 연구원들은 그래도 덜하겠지만, 대부분의 보통 연구원들은 극력 반대할 수밖에 없을 것이다.

돈과 조직력과 권력과 역사성까지 가진 이들 기관·단체들을 변혁

시키는 것은 쉬운 일이 아니다. 그간의 '개혁'이 말만 요란할 뿐 아무런 성과가 없었던 이유가 여기에 있다. 우리 농업·농민들의 위기에도 이들 기관·단체들의 체제와 운영행태에 변화가 없는 이유는 그만큼 바꾸기가 어렵다는 얘기다. 대안이라고 생각할 수 없을 정도로 어렵다는 얘기다.

농민들의 힘과 지혜를 하나로 결집해야 한다

얼마나 큰 힘과 지혜가 있어야 기존체제의 강력한 저항을 무릅쓸 수 있을까? 가히 혁명을 할 수 있는 힘과 지혜가 있어야 할 것이다. 문제는 이 힘과 지혜가 우리 농업의 진정한 당사자인 농민에게서 나와야 한다는 것이다. 농민들이 진정 '하나로' 결집해야 할 이유가 여기에 있는 것이다.

하지만 지역별, 계층별로 모래알처럼 흩어져 있는 농민들을 '하나로' 결집시키기가 얼마나 어렵겠는가? 농업관련 기관·단체들이 '지배'하고, 지도하는 체제에 익숙한 농민들이 이들 기관·단체들을 지배하고 주도하겠다는 마음을 먹고 행동하기가 얼마나 어렵겠는가? 거듭된 실패와 실망으로 패배감에 젖은 농민들로 하여금 우리 농업·농정의 흐름을 농민들의 힘으로 바꾸겠다는 생각을 가지게 하는 일이 얼마나 어렵겠는가?

각자의 이상과 목표, 전통을 가지고 자기 목소리를 내던 농민단체들이 민주적인 토론 과정을 거쳐 '하나의' 의견을 도출하기가 얼마나 어렵겠는가? 의견이 달랐더라도 일단 결정된 '농민의 뜻'에 하나로 힘을 모으는 성숙한 자세를 갖기가 얼마나 어렵겠는가?

　농민대표기구를 구성할 때, '품목, 지역 및 계층을 어떤 비율로 구성할 것인가', '대표는 어떻게 선출할 것인가' '재원은 어떻게 조달할 것인가' 하는 등의 문제를 해결하기가 얼마나 어렵겠는가?

　실의에 차고, 불평·불만에 젖은 농민들로 하여금 '세계에서 가장 안전하고 품질 좋은 농산물을 생산하고, 우리 농촌을 맑고 깨끗하고 아름답고 인정미 넘치게 만드는 운동'에 적극 동참하게 하는 일이 얼마나 어렵겠는가? 당장에 돈이 되는 것도 아니고, 효과가 눈에 띄지도 않는 일을 농민들로 하여금 솔선해서 하도록 하는 게 얼마나 어렵겠는가?

　그러나 '세상의 모든 것은 꿈이 만들어낸 것'이라 했다. 많은 사람들이 같은 꿈을 가지고 함께 나아가면 의외로 쉽게 이룰 수도 있을 것이다. 오로지 남은 문제는 얼마나 빠른 시간 내에, 얼마나 많은 사람들이 함께 하느냐에 달려 있다.

3 나의 '작은' 변화들이 큰 변화를 만든다

우리 농업·농정은 혁명적인 변화가 필요하다. 그런데, 내가 이 문제에 대해 강연을 한 이후 '이 엄청난 변화를 누가 어떻게 이끌어낼 것인가?'하고 물으면 아직도 어떤 농민들은 "정부가 해야 한다. 농민들은 힘이 없다"고 말한다. 정말 맥이 풀린다.

오히려 "너무 거창한 변화라 대체 어디서부터 어떻게 시작해야 할지 모르겠다"라고 하는 사람은 맥을 제대로 짚고 있는 사람이다. 변화는 나로부터 시작되어야 한다.

지금까지 시행되어온 농업·농정의 대안과 내가 제안하는 농업·농정의 가장 큰 차이는 '누가 농업·농정문제 해결을 주도해 나갈 것인가?'하는 주체의 문제다. 지금까지 농업·농정을 주도했던 기존체제에는 더 기대할 게 없다는 것이다. 특히 기존 체제의 '중심부'는 큰 변화를 이끌어낼 수 없다. 왜냐하면 중심부로서는 현재의 위치가 좋기 때문이다. 좋은 위치를 차지하고 있는 중심부는 변화를 싫어할 수밖에 없다. 그러므로 농업계의 변화도 중심부가 아닌 변방이, 농민들이 이끌어내야 한다. 가장 직접적인 이해당사자인 농민들이 우리 농업·농정체제의 혁명적인 대변화를 이끌어내야 하는 것이다. 오바마 대통령도, "(진정한) 변화는 풀뿌리조직에서 나온다"고 했다.

혁명적인 변화를 이끌어내기 위해서는 굉장히 큰 힘이 필요하다. 변화를 바라지 않는 기존 체제가 워낙 강하기 때문이다. 그러므로 농민 한 사람 한 사람이 대변화를 이끌어 내겠다는 열망을 가져야 하고, 그 열망을 하나로 묶어내는 체제를 갖춰야 한다. 세계를 휩쓸었던 '월가를 점령하라!'던 캠페인도 흔적없이 사라졌다. 아무리 드높은 열망도 조직화되지 않으면, 어느 순간 흩어져버리고 남는 게 없다. 기존 체제를 지키려는 힘을 압도할 수 있는 '열망의 조직화'를 이뤄내야 한다.

① 대변화를 이끌어내기 위해 보통농민인 내가 해야 할 일은, '이루고자 하는 꿈을 명확히 하고, 적극적으로 참여'하는 것이다.

첫째, 이루고 싶은 우리 농업·농촌에 대한 꿈을 가슴 속에 가져야 한다. 꿈을 갖는 순간부터 꿈은 이루어지기 시작한다. 그 다음 얼마나 강력하게 실천해 나가느냐에 따라 꿈은 빨리 이루어지기도 하고 늦어지기도 한다.

그러므로 우리 농민들이 가장 먼저 해야 할일은, '우리 농업, 희망의 꽃을 피우기 위해' 무엇을 어떻게 해야 하고, 꽃이 피어난 후 우리 농업·농촌·농민의 모습이 어떻게 달라지는지에 대해 명확히 알기 위해 노력해야 한다. 그 달라진 모습을 이루고자하는 마음이 간절해질 때까지 공부하고 토론하고 다짐해야 한다. 뜻을 같이하는 농민들이 함께 해야 한다. 서로를 격려하고, 서로의 힘을 북돋우며 실천의지를 다져야 한다.

둘째, 강력한 품목별 대표조직과 사업체를 만드는데 적극 참여해야 한다. 생산된 농산물은 거의 전량 품목사업체로 출하하여 공동선별, 공동판매가 이루어지게 해야 한다. 사업체가 유능한 전문경영인과 직원을 확보하여 사업을 잘할 수 있게 충분한 판매수수료를 내야 한다. 또한, 품목별 대표조직의 운영에 필요한 회비를 충분히 내야 한다. 없어지는 비용지출이 아니라, 투자로 생각해야 한다. 그 대신 품목조직과 사업체를 올바르게 운영하고 감독할 수 있는 농민 대표를 집행부로 선출해야 한다.

품목별 사업조직은 가급적이면 전국 단위로 하나만 만들어 '독점적 위치'에서 사업을 하도록 해야 한다. 농가별, 지역별 품질 차이를 인정하고, 보상하는 합리적인 방안을 시행해야 한다. 부득이 전국을 하나로 만들기 어려운 경우에도, 최소한 광역단위 이상으로 크게 만들고, 조직 간 상호협의체제를 구축하게 해야 한다. 국내외시장에서 제살 깎아 먹기 식의 경쟁은 하지 않도록 해야 한다. R&D, 공익적 가치의 홍보, 정책의 수립과 집행 등 품목별 공통 과제는 반드시 협의해 수행하도록 해야 한다.

셋째, '농민대의기구'의 구성에 타협과 양보가 이뤄지게 하고, '대의기구'의 결정에 대해서는 나와 생각이 다르더라도 승복을 하고 힘을 실어주어야 한다.

'농민대의기구'에 참여하는 개별 농민조직에게 얼마만한 대표성을 인정할 것인가는 가장 중요하면서도 합의하기 어려운 과제다. 충분히 토론하여 대표성의 크기를 결정하는 기준을 만들고, 그 기준 아래 각 농민조직은 더 큰 대표성을 확보하기 위한 선의의 경쟁을 해야 한다. 일정 시간이 지난 후, 프랑스의 농업회의소처럼 농민들의 투표로 농민조직의 대표성의 크기를 결정해야 할 것이다.

넷째, 농업관련 기관·단체 및 서비스기관의 재편에 모든 농민들이 힘을 모으되, 우리 조합, 우리 지역, 우리 단체가 중심이 되어야 한다고 고집하지 말아야 한다. 이들 기관·단체는 통폐합되고, 전문화되어야 한다. 조합도 마찬가지고, 농민단체도 마찬가지고, 농업서비스기관도 마찬가지다. 우리 농업·농민의 도약을 뒷받침할 수 있게끔 규모화되고 전문화되어야 한다.

그 과정이 결코 순탄할 수 없을 것이다. 모든 의사결정은 보다 긴 안목에서, 보다 많은 농민의 이익을 위해 결정되어야 한다. 소수의 의견이 존중되어야 하지만, 다수의 의견을 펼 수 없게 해서는 안 될 것이다. 반대로 다수의 이익을 위해 소수의 희생을 강요해서는 안된다. 지혜를 모아 타협하고 양보하여 상생의 길을 찾아야 한다.

다섯째, 우리의 대표자를 뽑을 때, 올바른 사람을 뽑기 위해 진지한 고민과 행동을 해야 한다. 내 재산을 관리하고, 내 권한을 대신 행사할 사람을 절대로 가볍게 뽑아서는 안된다. 절대로 단순한 이해 관계와 인연에 따라 뽑아서는 안된다. 사람됨과 정책 성향을 잘 보고 뽑아야 한다. 민주국가의 국격은 국민의 수준에 달렸다고 했다. 잘못된 지금의 농협, 따지고 보면 누구의 잘못도 아니다. 그것은 조합원들이 투표를 잘못했기 때문이다! 대의원들이 대충대충 넘어갔기 때문이다. 조합도 마찬가지고, 중앙회도 마찬가지다. 시장·군수·도지사·국회의원도 마찬가지다. 대통령도 마찬가지다. 단체 회장도 마찬가지다.

여섯째, 농민을 대표하는 자리는 봉사하는 자리가 되게 해야 한다. 돈 버는 자리, 권력을 휘두르는 자리가 되게 해서는 안된다. 관련법과 정관을 바꿔야 한다. 조합장은 무보수 명예직으로 해야 한다. 이사·감사·대의원의 업무수당도 대폭 낮춰야 한다. 그야말로 봉사하는 농민 대표에 대한 최소한의 실비 보상 차원이어야 한다. 농업관련 기관·단체의 이사회에 참여하는 농민대표의 수당도 마찬가지다. 농민단체장도 당연히 무보수 명예직이어야 한다.

농협·농민단체 등 농민조직은 집단지도체제가 되게 해야 한다. 농민들의 힘은 협력에 있다. 집행부의 힘도 임원 모두의 협력에 있다. 농민 조직의 장이 '오너'로서 독주하는 문화는 철폐되어야 한다. ⑷유)지배와 경영도 분리되어야 한다. 경영은 효율성의 원리에 따라 전문가가 주도해야 한다. 농민조직의 대표들이 일일이 간섭하면, 전문성을 살릴 수 없다. 주인은 방향과 원칙만 정해주어야 한다. 그 결과에 따라 전문경영인에게 책임을 물어야 한다.

일곱째, 삶의 의미와 행복에 대해 좀 더 긴 안목에서, 좀 더 깊이 생각하고, 일상에서 여유와 당당함을 가지도록 노력해야 한다.

우리 사회는 돈과 권력을 좇아 정신없이 뛰고 있다. 기대하는 만큼 성공할 수 있는 사람은 극소수다. 성공이 오래 가지도 않는다. 세상은 너무나 빨리 변하고 있다. '쫄면 죽는다'는 구호가 실감나는 세상이다. 100세 시대에 행복한 삶을 살기 위해서는 지금까지 살아온 방식과는 다르게 살아야 한다.

내가 가장 잘할 수 있는 일을 선택하여, 거기서 최고가 되겠다는 꿈을 가져야 한다. 최고가 되면 하는 일이 즐겁고, 경제적으로도 큰 불편이 없을 것이다. 사회적인 명성도 꽤 얻게 될 것이다. 꿈을 이루고 있다는 믿음이 생길 것이며, 한층 자신감이 생길 것이다. 행복한 삶을 살 수 있을 것이다.

농업과 농촌에서 꿈을 이룰 수 있는 기회와 가능성은 점점 커지고 있다. 농민들이 힘을 합쳐 농업시스템을 잘 만들어 놓으면, 더 큰 꿈을, 더 쉽게 이룰 수 있을 것이다. 머지않아 당당한 삶을 살 수 있을 것이다.

② 농민지도자는 '농민을 위해 봉사한다'는 마음의 자세를 확고히 해야 하며, 열심히 공부하는 자세를 지녀야 한다.

　지도자로서의 첫째 덕목은 구성원으로부터 존경과 신뢰를 받아야 한다는 것이다. 아무리 지위가 높고, 아무리 유식하고, 아무리 재산이 많다한들 자기밖에 모른다면 결코 존경과 신뢰를 받을 수 없다. 나 자신의 출세와 이익이 아니라, 구성원의 이익을 위해 일한다는 정신이 확립되어야 한다. 그런 정신을 가지고 일을 하다보면 지위와 부와 명성은 자연히 따라올 수 있는 것이다. 반대로 겉만 구성원을 위하는 척 하면서, 속으로는 자기의 부와 명성을 추구한 사람은 하루아침에 개망신을 하는 수가 있다. 자리에서 물러나면 아무도 거들떠보지 않는다. 손가락질을 받을 수도 있다. 심지어 감옥에까지 가는 수도 있다. 앞이 화려했던 만큼 뒤는 더 처참한 것이다.

　둘째, 지도자는 자기가 맡은 일을 제대로 처리할 수 있는 역량을 갖추고 있어야 한다. 때문에 공부를 멈추지 않아야 한다. 그리고 마음이 열려있어야 한다. 그동안 우리 농업, 우리 농민의 운명의 고삐는 정부와 농업관련 기관·단체에 거의 맡겨져 있었다. 이제 그 고삐를 농민 스스로의 의지로 끌어가자는 것이다. 고삐를 이끌어가야 하는 농민지도자는 권한도 커지지만 책임도 커진다. 품목별 글로벌 사업체의 경영방향을 정해야 하고, 농업관련 기관·단체의 운영방향을 정해야 하고, 정부 정책에도 '농민의 뜻'을 제대로 반영해야 한다.

사물의 이치를 알아야 한다. 사람의 본성을 알아야 한다. 세상의 흐름을 알아야 한다. 그러므로 끊임없이 공부를 해야 한다. 마음이 열려있어야 새로운 지식, 새로운 의견을 받아들일 수 있다.

4 우리 농업, 희망의 꽃 피우기 운동!

우리 농민 모두가 간절히 원하면, 우리 농업에 희망의 꽃이 피어날 것이다. 우리 농민들은 경제적으로 큰 어려움이 없고, 농촌이 살기에도 괜찮고, 농민들은 사회적으로 당당한 위치에 설 수 있을 것이다. 젊은이들이 스스럼없이 농업을 선택하게 될 것이다. 도시근로자나 보통 농민이나 별다른 차별 없이 '보통 사람들의 행복'을 누릴 수 있게 될 것이다.

문제는 보통 농민들이 '보통 사람들의 행복'을 누리기 위해서도 우리 농업·농정은 혁명적으로 변해야 한다는 것이다. 몇 사람 농민지도자들이 할 수 있는 일이 아니라, 대다수 우리 농민들이 힘을 합쳐 함께 이끌어내야 한다. 우리 농업·농정의 변화를 바라는 농민들의 염원이 요원의 불길처럼 타올라야 한다. 품목과 지역과 계층을 가리지 않고 모든 농민들의 가슴 속에 대변화를 갈망하는 불길이 타올라야 한다.

그러나 농민들의 가슴은 불이 쉽게 붙지 않을 것이다. 농민들의 몸과 마음이 실의에 흠뻑 젖어 있기 때문이다. 실의에 젖은 농민들에게 꿈과 희망을 얘기하고, 그 꿈과 희망을 이루기 위해 '번거롭고 힘든 길'을 다 함께 나아가자고 해야 한다. 가벼운 걸음으로 각자 나아가는 게 아니라, '30인31각 달리기'처럼 우리 농민 모두가 하나의 목표를 향해 호흡을 맞춰 함께 나아가야 한다.

신념에 찬 '희망전도사'들이 필요하다

우리 농업에 대한 꿈과 희망이 우리 농민 모두의 가슴을 뛰게 해야 한다. 몇 사람이 되었든 뜻을 함께 하는 사람들이 모여 '우리농업 희망의 꽃을 피우기 위한 운동'을 시작해야 한다. 치열한 토론과 학습을 거쳐 신념에 찬 '희망전도사'를 양성해야 한다. '희망전도사'들이 전국 농민들의 가슴에 꿈과 희망의 불을 붙여나가게 해야 한다. 작목반장에서부터 중앙연합회장에 이르기까지 모든 농민지도자들이 우리 농업에 희망의 꽃을 피우겠다는 신념에 차있게 해야 한다. "우리 농업, 희망의 꽃 피우기 운동"을 강력히 펴나가야 한다!

우리 농업에 대한 농민들의 열망을 모아 농협을 개혁하고, 농정을 혁신해야 한다. 농업연구기관을 혁신해야 한다. 농민단체가 다시 태어나게 해야 한다. 우리 농업계의 모든 기관·단체들이 우리 농업·

농촌·농민을 위해 하나로 협력하는 체제가 구축되게 해야 한다.

그 중심에 농업 문제의 가장 직접적인 당사자인 농민이 서 있어야 한다. 농업 문제를 주도적으로 풀어가야 한다. 치열하게 내부 토론을 하되, 밖으로는 한 목소리를 내야 한다. 반드시 실천하고 함께 행동해야 한다.

우리 농민들이 자나 깨나 기억해야 할 사항은 간단명료하다. 'FTA 시대를 살아남는 길은 조직화 밖에 없다'는 것이다. '우리 농민들은 경쟁자가 아니라, 동지이자 동업자'라는 것이다. 우리 농민들은 함께 나아가야 한다. 우리 농업에 희망의 꽃을 피우기 위해! 우리 농민들의 꿈을 이루기 위해!

● ● ● **별첨1**

돈을 "쏟아 붓는"데도
농민들이 데모하는 이유

2003.11. 문화일보 기고문

　농민들이 11.19일 한밤까지 데모를 하고도 모자라 여의나루 지하철역에서 잠을 자고 또 데모를 시작하는 것에 대해 많은 국민들이 의아해 할 것이다. 더구나 정부에서 앞으로 10년 동안 119조원이라는 '천문학적인 돈'을 농업과 농촌에 '쏟아 붓겠다'고 하는데도 저렇게 격렬한 데모를 하는 농민들을 이해할 수가 없을 것이다. 정치권이 간을 키워서 그런지, 농민들이 염치가 없어서 그런지, 도무지 이해할 수 없을 것이다. 옛날에는 농민이라면 순박하고 부지런하다는 것이 떠올랐지만 이제는 '빚 갚아 달라'며 데모나 하는 억지들이라 생각하는 사람들이 많을 것이다. 그러나 진정 저들이 왜 저러는지 이유를 곰곰 따져 보는 사람은 드문 것 같아 몇 자 글을 올린다.

　첫째, "돈을 쏟아 붓고, 부채를 탕감해줘도" 농민들의 생활은 더 나빠지고 있다는 점이다. IMF이전에는 도시근로자 가구소득과 농가소득이 비슷했으나, 작년에는 도시가구의 73%밖에 안 되는 것으로 조사되었다. 소득금액 자체가 96년 이후 2,300만원 수준에 정지

되어 있다. 올해는 태풍 매미의 영향과 쌀 흉작으로 70% 아래로 떨어질 것으로 전망되고 있다. 농가소득이 이렇게 정지된 이유는 UR 이후 시장개방으로 외국농산물이 많이 수입되고, 국내농업의 생산성 향상으로 국내 생산도 늘어나 농산물가격이 계속 떨어지고 있기 때문이다. 소비자들이 시장개방과 국내 농업투자의 이득을 보고 있는 동안 농민들은 소득 감소로 고통을 당하고 있는 것이다. 소득이 줄어드니 빚 갚는 것은 뒷전이 되고, 이자에 이자가 붙어 빚은 계속 늘어나는 것이다. 물론 "돈을 쏟아 붓는" 과정에서 엉터리들이 융자를 받아 사회 문제가 된 사건들이 있었지만 그것은 어디까지나 일부에 지나지 않는다. 구조적으로 어렵게 되어 있었다.

둘째, 국익을 위해 농민들이 양보를 하라고 하지만 농민들은 더 물러설 곳이 없다는 점이다. 농민들의 생활은 고달프다. 일은 힘들고, 생산해봤자 돈은 안 되고, 생활환경, 교육환경도 나쁘다. 그래서 여자들이 시집을 오지 않는 것이다. 그런데도 DDA다 FTA다 개방이 대세다 하면서 더 센 개방을 하겠다고 한다. 농민들로서는 기가 찰 노릇인데 사람들은 국익을 위해 농민이 양보를 해야 한다고 한다. 뿐만 아니라 일부 언론이나 잘난 사람들은 농민들이 경제발전의 발목을 잡고 있다며 비난을 하고 있다. 나라가 부강해지면 나도 잘 살아야 의미가 있지 나의 생활이 나빠지는데도 양보할 마음이 내키겠는가? 자기 집 길 건너편에 고층건물만 들어선다 해도 '결사반대'를 하

별첨1

면서 국익을 위해 농민의 '생존권'을 양보하란다.

셋째, 119조원의 투융자계획이 농민들의 생활을 나아지게 하리라는 믿음을 주지 못하고 있다는 점이다. 우선, 이전에도 42조원이다 15조원 농특세다 45조원 발전대책이다 하고 '돈을 퍼부었지만' 농민들의 생활은 나아지지 않았다. 또한 119조원이라는 금액은 기왕에 편성된 내년도 농업부문 투융자예산과 기금을 합쳐 8조4천억 원인데, 이것을 매년 7.8%정도 늘린 금액이다. 물가상승이나 예산의 자연적인 증가율을 3~4%라고 하면 어려운 농업과 농민을 위해 '특별히 배려한' 예산은 증가율로 매년 3~4%p, 금액으로 3000~5000억원 추가로 인상한 것이다. 119조원이 큰 돈이긴 하지만 뒤처진 농가소득과 농촌의 생활환경을 나아지게 하고, 앞으로 더 센 개방으로 줄어드는 농가소득을 보충해주기에 충분한 돈인지는 의문이다. 돈이 적어서든, 쓰는 방법과 정책이 나빠서든 쏟아 부은 돈이 농민들의 생활을 나아지게 하지 못한다면 농민들에게는 아무런 의미가 없다.

넷째, "불평하지 말고 농촌을 떠나면 될 것 아닌가?"라고 말할 수 있지만 그게 쉽지 않다는 점이다. 시골 자기 집에서도 못사는 사람이 도시에 가서 무엇을 해 먹고 살 것인가. 석박사도 취직 못하는 세상에 농사 짓던 사람이 무슨 취직인가. 임금이 낮은 자리는 외국인들이 차지하고 있다. 이런 자리는 취직을 해도 한국의 높은 생활비를 충당

할 수가 없다. 서울은 만원이다. 서울의 공기는 도쿄보다 10배나 나쁘다. 도시과밀화의 문제가 어디 한 둘인가. 집도 절도 없는 실업자가 추가되어봤자 아무에게도 도움이 되지 않는다. 경제가 좋아져도 고용이 증가하지 않는 것이 선진국에서도 문제가 되고 있다. 실업의 문제는 갈수록 어려워질 것이다. 차라리 보조금을 주고서라도 하던 농사일을 하면서, 시골의 자기 집에 머물게 하는 것이 국가적으로 득이 될 거다.

농민들의 사기가 떨어지고 있다. 생활은 어려워지고, 농업은 앞으로 희망이 없다고들 하고, 일반국민들은 곱지 않은 시선으로 농업과 농민을 바라보고 있다. 그러나 360만이나 되는 그들을 팽개쳐 두고 과연 나라가 발전할 수 있을까? 농업문제기 농민만의 문제라는 인식에서 벗어나야 한다. 농업·농촌의 문제는 자연환경보호, 국민의 휴양공간, 실업문제의 완화, 도시과밀화 방지 등 현실적으로 매우 중요한, 그러나 인과관계가 명확히 알려지지 않은 우리 모두의 문제라는 인식이 필요하다. 문제를 올바로 인식하는 것이 해결의 지름길이다. 그리고 긍정적인 기대를 하면 긍정적인 결과를 가져오는 것이 사람이다. '이 세상의 모든 것은 꿈이 만들어 낸 것'이라고 하지 않던가! 농민들이 희망을 가지고 자기 일에 최선을 다하도록 만드는 것이 결국은 국민의 부담을 줄이고, 모두가 잘사는 길이 아닐까?

별첨2

정책이 만들어지는 과정과 한농연의 역할

월간 한농연 2007년 5월호

　농민들의 입장에서 보면 정부정책은 참으로 마음에 들지 않을 것입니다. '우수농업경영인 추가지원사업'과 관련하여서도 문제가 많다는 것을 많은 회원들이 얘기했음에도 아직까지 개선된 것은 아무것도 없습니다. 중앙연합회와 정책연구소는 뭘 하고 있는지 울화통이 터질 것 같은 기분일 것입니다. 문제는 화를 낸다고 해결되지 않는다는 것입니다. 어떻게 해야 농민들이 바라는 것을 정책으로 실현할 수 있는가? 좀 더 효과적으로 공략하는 방법을 찾기 위해서는 정책이 이루어지는 과정을 이해할 필요가 있다고 생각하여, 추가지원사업을 사례로 삼아 간략하게 설명하고자 합니다.

　추가지원사업과 관련하여 회원님들이 제기한 문제와 대책의 방향은, ① 사업대상자로 선정되어도 농신보 보증한도 부족으로 필요한 자금을 대출받지 못하거나, 8천만 원의 일부만 대출받게 되는 경우가 발생하고 있다. 농신보 보증한도를 확대하거나, 별도의 특례보증제도를 신설해야 한다. ② 농지를 담보로 제공할 경우, 현 시세와 동떨어진 공시지가의 60%밖에 담보로 잡아주지 않아 터무니없이 많은 농지를 담보로 제공하거나, 담보부족으로 자금을 빌리지 못하는 경우가 발생하고 있다. 따라서 시가를 기준으로 하거나, 공시지가의 100%를 인정하는 등의 조치가 필요하다. ③ 농지구입 단가도 시세를 고려하지 않고 논 4만 원, 밭 5만 원 이하로 제한되어 있어 나머지를 자부담해야 한다. 지원기준 구입단가를 현실화해야 한다. ④시설을 신축하거나 개축할 때, 농가가 자재를 사다가 직접 공사를 하면 더 적은 비용으로 할 수 있다. 사업비가 3,000만 원 이상인 경우, 시설업자에게 맡겨야 한다는 규정은 철폐되어야 한다. ⑤ 정책자금을 받다 사업을 하면 업자가 발행하는 세금계산서가 붙어야 한다. 현금 주고 공사할 때에 비해 부가가치세 10%가 추가 되고 있다. 세금계산서 제출의무를 없애야 한다. ⑥ 이자율 3.5%는 너무 높다. 우수농업인을 위한 '특별자금'이라 하기도 어렵다. 이자율을 파격적으로 내려야 한다.

추가지원사업과 관련하여 회원님들이 제기한 문제들은 농림부의 실무자와 우리 회장 출신인 장관에게까지 설명되었으나, 아직까지 해결된 것은 하나도 없습니다. 이자율 인하처럼 농림부에서 "아직은 때가 아니다"며 반대하는 바람에 안 되는 것, 농신보 보증한도 인상, 세금계산서 면제 등 재경부와 예산처의 반대로 안 되는 것, 농림부와 금융관련 기관 및 농협의 성의가 부족해서 안 되는 것 등등의 이유로

별첨2

해결되지 않고 있습니다. 이외에 기반시설부담금 문제가 심각하게 제기되었으나, 뒤늦게 정부가 '법을 잘못 만들었다'는 것을 인정하고 법을 개정했습니다. 그러나 이미 부담금을 낸 회원들의 억울함은 해결되지 않고 있습니다.

  농민의 입장에서 보면 당연히 해주어야할 사항이 하나도 해결되지 않고 있는 것입니다. 왜 이런 결과밖에 안 되는지, 그 사유가 무엇인지를 좀 더 냉정하게 살펴볼 필요가 있지 않습니까? 그런 의미에서 정부정책이 결정되는 과정을 먼저 살펴보고자 하는 것입니다.

  정부가 어떤 사회문제를 정책적으로 해결할 것인가 말 것인가를 결정하기 위해서는 그 정책으로 인해 정부와 사회가 부담해야할 비용이 얼마나 되며, 그 정책으로 인해 창출되는 효과가 얼마나 되며, 지역 또는 계층 간에 형평이 맞는지 등을 알아야 합니다. 따라서 정부가 선택하는 모든 정책은 언제나 비용보다 효과가 크고, 형평에도 큰 문제가 없다는 검토보고서가 있었다는 뜻입니다. 믿기 어렵지만, 과거의 실패한 모든 정책도 '문제가 없다'는 검토보고서가 있었다는 얘기입니다.

  왜 이런 '황당한' 일이 일어날 수 있는지는 정부 내외에서 제기된 문제점이 검토되고, 정책으로 결정되는 과정을 보면 조금은 이해가 되실 겁니다. 그리고 농민의 뜻을 정책에 반영하기 위해서는 무엇을 어떻게 해야 할 것인지를 느끼시게 될 것입니다.

① 먼저, 추가지원사업과 관련하여 불합리한 점을 지적하고, 개선을 요구하는 '민원 또는 정책제안서'가 정부에 제출되어야 합니다. 그것이 왜 불합리한가 하는 논리와 근거, 그리고 문제가 개선되었을 때의 효과 등이 설명되어야겠지요. 예를 들어, 농신보 보증한도를 높여야 되는 이유로 "농정실패와 어깨보증과 그간에 쌓인 부채로 농민들의 보증한도가 이미 다 찼다. 보증한도를 올리지 않고는 '진짜 지원이 필요한 사람'은 지원을 받을 수 없다. 담보를 제공하려 해도 담보제도가 불합리하다. 젊은 농업인들로 하여금 농업을 계속 하게 하려면 보증한도를 올려서 지원을 해야 한다." 이런 논리와 함께 농업의 공익적인 기능까지 거론하면서 제도개선을 요구하게 될 겁니다.

제출된 민원은 개선효과를 강조하면서 새로운 정책을 도입하자는 주장과 투입되는 비용에 비해 효과가 적고, 형평에도 맞지 않다면서 도입을 반대하는 주장이 계속 부딪치는 '긴 과정'을 거치게 됩니다. 그 '긴 과정'에서 누가 어느 쪽의 주장을 얼마만큼 들어주느냐 하는 것이 정책의 채택여부를 결정하는 관건이 될 것입니다.

② 새로운 정책의 도입이나 수정은 '추가지원사업'처럼 외부에서 제기하여 시작될 수도 있고, 농림부의 실무자가 시작할 수도 있고, 윗분의 지시로 시작될 수도 있습니다. 어느 경우든 담당과의 검토를 거치게 됩니다. 정책의 내용을 명확하게 하고, 예산이 얼마

별첨2

나 소요되는지, 정책의 효과는 얼마큼 되는지를 따져보는 것입니다. 이 과정에서 현장출장조사도 나가고, 외국의 사례도 찾아보기도 합니다. 농림부 내 관련된 과와 협의하기도, 구두로 윗분과 상의하기도 합니다. 어느 정도 자신 있는 검토보고서가 만들어지면, 국장, 차관보, 차관, 장관에게 소위 '결재'를 받게 되는데, 이 과정에서 윗분의 의견이 반영되어 수정을 하기도 하고, 때로는 중도에 폐기되기도 합니다. 예를 들어, 국장이 보아서 시원찮은 정책이라 생각되면 더 이상 올라가지도 못하는 것입니다. 그러나 누군가 '영향력 있는 사람' 또는 '잘 아는 사람'이 담당과에든, 결재선상에 있는 윗분에게든 '잘 검토해 달라'는 부탁을 할 수 있겠지요. 그 부탁을 어느 정도 무겁게 생각하느냐는 부탁하는 사람의 무게와 정책의 합리성 정도에 달렸겠지요.

③ 농림부에서 선택된 정책은 대개 예산이 필요하므로 기획예산처의 협의를 거쳐야 하고, 대출조건 등 금융에 관한 정책은 재경부와 협의를 거쳐야 합니다. 예산처와 재경부에서도 농림부와 마찬가지로 담당과의 검토와 그 윗선으로 결재를 받게 됩니다. 농림부 장관의 결재를 받아서 제출된 정책도 예산처의 국장선에 잘리는 경우도 있습니다. 농림부의 입장에서 꼭 해야겠다는 사업이면 장관까지 나서서 설명을 하고 부탁을 해야 합니다.

이 과정에서 치열한 논쟁이 있습니다. 농림부는 한농연이 제출한

'정책논리'에 추가하여 나름대로의 논리로 정책의 필요성을 주장할 것입니다. 그러나 예산을 가진 기획예산처나 자금지원과 대출 등 금융정책을 다루는 재경부의 반론도 만만찮을 것입니다. "농업경영인 한 사람에 대해 1억 원씩 정부가 빚보증을 해주고 있는데, 또 더 늘리란 말인가? 농신보가 농민을 대신하여 갚아준 빚이 작년에만 1조원이 넘는다. 도시사람들에게는 한 푼의 정부보증도 없다. 똑같이 정책자금을 받아 성공한 사람도 많다. 부채대책도 이미 충분히 했다. 추가지원사업은 말 그대로 우수한 농업경영인이 한 단계 높아질 수 있도록 지원하는 것이다. 다른 농민들은 왜 경영인에게만 특혜를 주느냐고 비판하고 있는데, 이자율까지 내릴 수 있겠는가?" 아마 이렇게 반론할지도 모릅니다.

농업투자를 할 것인가 말 것인가를 두고 논쟁을 할 때에 문제가 되는 것은 투입되는 비용은 계산하기가 비교적 쉽지만, 창출되는 효과를 구체적인 수치로 밝히기가 지극히 어렵다는 것입니다. 특히, 우리 농업의 근간을 지키는 농업경영인에 대해서는 약간의 '특혜'를 주어서라도 육성해야 되는 이유를 수치로 나타내기는 더 어렵겠지요. 농업의 공익적인 기능을 수치로 표현하기는 더 어렵습니다. 중요한 것임에는 틀림이 없는데, '증거'를 대기가 참 어려운 것입니다.

④ **많은** 예산이 소요되는 중요한 정책은 경제장관회의에 상정되어 협의를 합니다. 농신보에 관한 문제는 융자와 이차보전 및 보

별첨2

조금 예산이 동시에 필요하므로 재경부와 기획예산처, 양쪽과 협의를 해야겠지요. 여기서 통과되면 정부 내의 절차는 거의 끝나게 됩니다. 마지막으로 청와대보고와 국무회의심의가 있는데, 이 시기를 전후하여 '당정협의'가 있습니다. 정부와 여당이 중요정책에 대해 서로 조율하는 것이지요. 유권자의 소리에 보다 민감한 당과 합리성을 보다 중요하게 생각하는 정부가 서로 논의를 하여 정책방향을 조정하는 것입니다.

⑤ **정부의 검토절차를 마치면 '예산서'형태로 국회에 제출됩니다.** 이때 국회의원들의 '관심사업'을 반영하기 위한 활동이 활발하게 전개됩니다. 원래 국회는 예산편성권이 없고, 심의권만 있으므로 예산을 증액하거나, 새로운 정책사업을 추가할 수 없습니다만, 실제로는 증액도 되고 새로운 사업을 '끼워 넣기도' 합니다. '힘이 센' 의원은 더 많은 사업, 더 많은 예산을 추가하거나 증액할 수 있습니다. 국회의원들이 가장 관심을 두는 사업은 지역구사업입니다. 그중에서도 득표에 영향력이 큰 단체 또는 가문, 특정지역의 사업에 관심을 갖는 것은 당연하다고 해야겠지요. 직능대표로 선출된 전국구 의원은 지역구 의원과 조금 다르지만, 유권자를 의식하는 것은 마찬가지겠지요. 어느 과정에서든 '영향력 있는 사람이나 단체의 압박'이 큰 영향력을 미치는 것입니다. 이렇게 국회를 통과하면 예산이 뒷받침된 정책으로 확정되는 것입니다.

⑥ 정책과 예산이 수립되고 확정되는 과정을 가만히 보면, 합리성과 형평성에 다소 문제가 있는 사업도 누군가가 세게 밀어붙이면 '그게 아니다'고 딱 자르기가 어렵다는 것을 알 수 있습니다. 특히, 영향력이 큰 사람 또는 기관·단체가 밀어붙이면 더욱 어려운 게 당연하겠지요. 정책의 비용과 효과를 따지는 것이 수학문제 풀이하듯 명확하지 않기 때문입니다. 다만 밀어붙이는 것이 상식에서 벗어나고 지나치면, 정부 내에서, 국회 내에서 비난이 일기도 하고 언론의 비판을 받기도 합니다. 심한 경우 역풍을 맞기도 하지요. 이와 같이 정책의 수립과 예산의 책정은 국민 여러 집단 또는 계층 간의 이해관계의 조정의 결과라고도 할 수 있고, '파워게임'의 결과라고도 할 수 있습니다. 그렇다고 정책의 합리성이나 형평성이 중요하지 않다고 할 수는 없습니다. 왜냐하면, 정책이 결정되는 긴 과정에서 합리성과 형평성에 맞는 정책은 보다 많은 사람들의 공감을 얻어 무리하게 밀어붙이지 않아도 채택될 수 있기 때문입니다.

합리성과 형평성, 그리고 '파워'가 중요한 역할을 하는 정부정책결정과정을 감안할 때, '농민이 바라는 것'을 정부정책에 반영시키려면 어떻게 해야 할까요?

첫째, 정책결정에 관여하는 공직자와 정치인으로 하여금 '농민이 바라는 것'을 가볍게 생각하지 않도록 해야 할 것입니다. '농민

별첨2

들이 바라는 것'이 정책으로 채택되기 위해서는 이 단계가 가장 중요하다는 것을 이해하실 겁니다. 어떻게 해야 이들이 '농민의 바람'을 무겁게 생각하여 정책에 반영하려고 최대한 노력할까요? 보다 많은 농민들이 공직자와 정치인들의 말과 행동을 지켜보고 있으며, 나중에 표로써 '심판'할 것이라는 생각을 하게 해야 할 것입니다. 농민들이 얼마나 정책문제에 관심을 가지고 있으며, 농민들이 얼마나 단단하게 하나로 뭉쳐 행동하느냐에 따라 그들의 생각이 달라질 것입니다.

둘째, '농민들의 바람'이 합리적이고, 형평에 어긋나지 않아야 합니다. 무리한 주장은 정책결정 과정에서 많은 비판과 저항을 받게 되므로 정책으로 채택되기가 상당히 어렵습니다. '말도 안 되는 주장'을 무리하게 밀어붙이면 때로는 여론의 역풍을 맞을 수도 있지요. 따라서 정책은 농민에게도 필요하지만, 국민전체를 위해서도 필요하다는 것을 설명할 수 있어야 하고, 공감을 얻을 수 있어야 합니다.

셋째, 평소에 농업·농촌·농민에 대한 좋은 이미지가 형성되도록 노력해야 합니다. 사람은 누구나 좋은 이미지를 가진 사람이나 집단의 주장에는 쉽게 공감을 하고, 반대로 나쁜 이미지를 가진 사람의 주장에는 합리성 여부를 떠나 거부감을 나타내기도 합니다. 민주국가, 시장경제국가에서 나의 주장에 공감하는 사람을 많이 확보한다는 것은 무엇보다 중요하다고 할 것입니다. 안전한 농산물을 생산·공급하고, 맑고 깨끗한 자연환경의 농촌을 만들어 국민 모두의 휴양공간으로 만들고, 따뜻한 마음으로 그들을 맞아야 할 것입니다.

농민들이 자부심을 가지고 잘사는 농업·농촌을 만들기 위해서는 농민들의 정신이 깨어나 있어야 할 것입니다. 합리적인 행동방향을 설정하고, '하나로' 뭉쳐 나아가야 할 것입니다. 이 치열한 글로벌경쟁시장에서, 이 다양한 민주여론국가에서 각자 편하게 살면서 농민의 꿈과 희망이 실현되기를 바랄 수는 없을 것입니다. '하늘은 스스로 돕는 자를 돕는다'고 했습니다. 농민의 꿈과 희망은 농민이 이루어야 합니다. 결코 남이 이루어줄 수 없습니다. 희미해진 농민들의 정신을 깨어나게 하고, 뿔뿔이 흩어진 농민들을 함께하게 해야 합니다. 지도적인 위치에 있는 농민들의 역할이 그래서 중요한 것입니다. 한농연이 이 역할을 하지 않으면 농민들의 꿈은 이루어질 수 없습니다!

별첨3

네덜란드의 R&D체제

　네덜란드는 농업뿐만 아니라, 식품산업에서도 세계 최고수준입니다. 네덜란드의 농지면적은 초지가 100만 ha이고, 경지는 90만 ha 입니다. 농가호수는 약 7만8천 호에 지나지 않습니다. 2006년 농업 총생산액은 시설원예·축산·경종농업 등 약 200억 유로(32조원) 수준으로 우리나라 농업 총생산액과 거의 비슷합니다. 그런데 네덜란드의 농산물 및 가공식품 수출액은 연간 540억 유로나 됩니다. 농업경쟁력이 높고, 국내외 원료 농산물을 이용한 가공산업이 크게 발전되어 있다는 얘깁니다.

　네덜란드의 농식품산업이 이렇게 발전할 수 있었던 것은 영농기술은 물론이고, 생산 및 유통 인프라, 경영역량 등 네덜란드의 농업계 전체가 효율적으로 돌아가고 있기 때문이라 할 것입니다. 그중에서도 가장 눈에 띄는 부문은 우리와는 너무나 격차가 큰 농업생산성 부문입니다. 네덜란드의 농업연구 및 교육훈련체제에는 뭔가 특별한 게 있다는 얘깁니다.

네덜란드의 농업/농촌연구체제
– 민간의 기술수요와 연구기관 간 경쟁과 협력을 중시

네덜란드 농업/농촌연구체제에서 가장 중심적인 역할을 하고 있는 기관은 와게닝겐대학입니다. 1998년 네덜란드의 여러 지역농업을 연구하는 농업연구청(DLO)이 합류하여 와게닝겐대학/연구센터(Wageningen UR 또는 WUR로 지칭)라는 연구연합체를 결성하였으며, 2005년에는 농업 및 농촌과학기술분야의 고등과학교육기관(Van Hall Larenstein)이 WUR에 참여하였습니다. 지금의 와게닝겐대학/연구센터(WUR)는 기초 및 응용연구를 수행하면서도 다양한 형태의 지역농업 현장을 고려하는 연구를 수행하고 있습니다. 뿐만 아니라 교육프로그램과도 연계하여 연구와 교육의 시너지효과를 드높이고 있습니다.

와게닝겐대학/연구센터(WUR) 내의 각 연구소는 연구에서 '독립적'일 뿐만 아니라, 재원 조달에서도 '독립적'인 게 특징입니다. 재원별로 보면, 42%는 농식품부에서, 9%는 EU로부터, 34%는 기업으로부터 조달하고 있으며 그 외에 특허료, 자문, 농산물 및 제품판매 등으로 구성되어 있습니다.

와게닝겐대학/연구센터에 지원되는 정부예산은 대학이 자유롭게 쓸 수 있는 기본예산과 정부 측이 원하는 연구를 수행해야 하는 프로

별첨3

그램 예산으로 구분되어 있습니다. 기본 예산과 프로그램 예산간의 비율은 대략 30:70정도 입니다. 기본 예산은 연구소의 성격에 따라 지원율이 다릅니다. 즉, 민간 부분이 수행하기 어려운 분야 연구소는 연구예산의 80%까지 지원되는가 하면, 외부로부터 용역수주 가능성이 높은 식품분야 연구소는 50%도 되지 않습니다. 대학의 R&D예산에서 큰 비중을 차지하는 프로그램 예산의 경우, 농식품부의 분야별 연구 요청에 따라 네덜란드 내 다른 대학 연구소들과 공개경쟁을 통해 예산을 확보하고 있습니다.

네덜란드 농업 R&D체제의 또 다른 특징은, 공공/민간, 연구기관/기업 간에 연구협력체제가 잘 형성되어 있다는 점입니다.

연구협력체제에는 크게 세 가지 유형이 있는데,

제1유형은, 정부, 와게닝겐대학/연구센터(WUR)와 같은 대학 연구소, 대기업 등이 컨소시엄을 구성하여 식품과 영양분야의 기초연구를 수행하는 연구네트워크입니다. 주로 대기업이 연구과제를 제안하고, 연구비의 일부를 부담하며 연구성과물도 기업이 소유하는 형태입니다.

제2유형은, 정부, 연구기관, 민간기업이 중·소규모 기업의 실용화연구를 지원하기 위한 연구 컨소시엄입니다. 중소기업이 가진 아이디어의 상품화 연구 등 응용 및 실용화 연구가 주를 이루고 있습니다. 연구비는 컨소시엄 참가자가 공동으로 부담하지만 중소기업들의 부담은 미미하고, 주로 정부가 부담을 하고 있습니다.

제3유형은, 지역클러스터 형태입니다.

네덜란드 동부에 있는 푸드밸리(Food Valley)는 농식품, 생명과학 및 건강 분야의 지역혁신 연구네트워크입니다. 여기에는 와게닝겐 식품안전성연구소, 대기업식품연구소 등 다수의 공공 및 민간연구소가 밀집해 있으며, 정부, 공공/민간 연구기관이 연구 파트너십을 형성하여 농식품산업 발전을 지원하고 있습니다. 뿐만 아니라, 새로운 사업의 촉진, 창업 및 기업 독립 지원, 회사 및 기관 설립 촉진 등의 연구 이외의 여러 가지 혁신프로그램을 지원하고 있습니다.

네덜란드의 농식품 연구개발체제의 큰 특징을 요약해 보면,

첫째, 네덜란드의 농업연구는 기초연구와 응용연구, 연구와 교육, 대학과 정부, 중앙과 지방 등으로 전문화를 지향하면서도 동시에 통합과 협력, 공동연구를 지향하고 있다는 점입니다.

둘째, 연구를 위한 연구가 아니라, 민간에서 필요로 하는 연구를 하고 있습니다. 연구과제는 정부, 연구기관 종사자, 농민단체 등이 '대등한' 위치에서 서로 협의하는 산업조정협의회를 거쳐 선정됩니다.

셋째, 각 연구기관들은 다른 연구기관과의 경쟁을 통해 연구과제를 수주하고, 공동연구에 참여하여 연구 및 운영비를 조달하고 있습니다. 수요자가 원하는 연구를 하지 않을 수 없고, 경쟁력 없는 연구

별첨3

기관은 존속할 수가 없는 구조입니다.

  넷째, 연구비의 일정 부분은 정부가 지원하고 있습니다만, 지원대상과 연구의 성격에 따라 지원율은 신축적입니다. 대기업이 수요자인 경우와 경제성이 있는 연구에는 지원비율이 낮고, 중소기업인 경우와 경제성이 없는 연구에 대해서는 지원비율이 높습니다.

  네덜란드의 농식품 연구개발체제에 비해 우리는, 첫째, 연구의 방향과 과제의 결정은 물론 연구결과에 대한 평가를 정부가 주도하고 있습니다. "진흥청은 선수와 심판을 겸하고 있다"는 비판을 받고 있습니다. 둘째, 연구과제의 수주와 연구재원을 조달하기 위해 경쟁할 필요가 없습니다. 연구비는 100% 정부에서 나오고, 연구자는 평생이 보장되는 공무원입니다. 이런 문제를 해결하기 위해 진흥청을 출연연구기관화 하려는 대선공약도 있었으나, 농민들의 "진흥청 폐지"반대로 공약은 없던 것으로 되었습니다. 연구수요자인 민간기업이나 생산자 조직이 먼저 육성되어 있어야 하는데 순서가 바뀌었던 것입니다.

프랑스의 농민단체와 농업회의소

필자는 2004년 6월27일부터 7월4일까지 프랑스의 농민단체와 농업관련기관, 단체가 농업정책의 수립과 집행에서 어떠한 역할을 하는가를 알아보기 위해 프랑스로 출장을 갔다. 농특위가 우리 연구소에 의뢰한 '농정추진체계'에 관한 용역사업의 일환이었다. 프랑스 유학을 한 지역아카데미의 하석건 박사의 안내로 프랑스 동부 '주하'지역의 농민단체 간부가 운영하는 관광농장에 사흘 간 머물면서 그 지역의 농업회의소와 ADASEA(도 농업구조개선협회), FDSEA(농업경영자 도 연맹)를 방문했다. 물론 파리의 FNSEA(농업경영자 전국총연맹)본부도 방문했다.

놀라운 프랑스의 농민단체

사전에 자료를 보기도 하고, 작년에 한국을 방문했던 FNSEA회장 르메따이에의 강연을 듣기도 했지만 현지에서 느낀 프랑스 농민단체의 대표성과 전문성을 바탕으로 한 영향력은 상상을 초월하는 것이었다. 모든 농업정책의 수립과 집행은 당연히 농민단체와 협의를 통

별첨4

해 이루어진다고 한다. 우리처럼 대표가 회의에 참석하여 의견을 제시하는 단순한 협의가 아닌 것이다. FNSEA본부에 있는 120명의 직원, 94개의 도 연맹에 있는 10~20명의 직원들이 전문가적 입장에서 검토, 분석을 한 후에 이루어지는 협의이다. 뿐만 아니라 각 지역의 농업회의소, ADASEA 등 농업관련 공익조직들의 협조까지 받아 검토를 한다고 한다. 그런 다음 실무차원에서 충분한 정책조율을 하여 합의에 이르면, 장관과 농민단체대표 등으로 구성된 국가농업위원회에서 최종 결정된다고 한다.

프랑스에서는 직속 농림행정조직을 제외한 모든 농업관련 단체와 공익기구도 농민대표가 '지배'를 하고 있다. 그런데 FNSEA가 농민의 70%를 대표하고 하고 있기 때문에 FNSEA가 농업관련 조직을 실질적으로 지배하고 있다고 한다. 우리나라로 친다면 농협('신경분리' 정도가 아니라, 농업은행, 보험회사, 각종 품목별협동조합, 농기계이용조합 등 기능별협동조합 등 4개 분야로 나뉘어 있다)은 물론이고 농촌공사, 농업기술센터 등 대 농민 서비스조직도 FNSEA가 '지배'하고 있는 셈이다. 그러나 '지배한다'는 개념은 우리가 보통 생각하는 개념과는 다른 것 같다. 왜냐하면, 프랑스의 농민단체와 농업기구의 조직은 지배기구인 '집행위원회'와 실무조직인 사무국이 거의 '독립적'이기 때문이다. 집행위원회는 농민대표로 구성되고, 사무총장을 임명하며, 사무국의 업무추진방향을 결정한다. 한편, 실무조직인 사무국은 사무총장의 책임 아래 '효율성의 원리'에 따라 운영되는 '전문가조직'이라고 한다. 지배기구는 정치논리에 따라 구성하되, 사무조직은 효율성의 원리에 따라 운영되는 것이 프랑스 농민, 농업관련 조직의 기본원칙이라고 한다. (필자는 우리의 농협지배구조가 이런 식으로 바뀌어야 한다는 것을 주장하고 있다)

FNSEA의 운영기구와 조직이 구성되는 과정과 방법을 보면, 각 지역에서 회원들이 대의원을 선출하고, 선출된 대의원들이 68명의 이사를 선출하고, 이사들이 12명의 '집행위원'을 선출하면, 집행위원 중에서 회장, 부회장, 재무담당 등의 '보직'집행위원이 정해진다고 한다. 위원들의 임기는 3년이다. 여기서 특이한 점은, 운영기구와 조직이 철저하게 간선으로 선출된다는 점이다. 또 하나의 특징은, '이사회'를 구성할 때 회원들의 대표성을 철저하게 고려한다는 점이다. 즉, 68명의 위원 중 43명은 지역대표(94개 도 대표 중에서 선출), 10명은 품목대표(36개 주요품목조직 대표 중에서 선출), 11명은 '사회위원'대표(임차농민, 여성농민, 은퇴농민, 자영농민 대표 중에서 선출), 그리고 4명은 JA대표(35세 이하의 FNSEA회원)로 뽑는다고 한다. 같은 FNSEA회원과 그 지지자이지만 대표하는 이익이 약간씩 다르기 때문에 이를 조화롭게 수렴하기 위한 것이라고 한다. '집행위원회'의 구성은 확인하지 못했으나, 이런 정신을 어느 정도 살려서 구성하는 것으로 짐작된다. 왜냐하면, JA대표는 집행위원회는 물론

별첨4

정부와 농민대표로 구성되는 '프랑스농업위원회' 등 어디든 참석하고 있다.

FNSEA는 지역별, 품목별, 사회계층별로 다양한 농민들의 70%를 대표할 뿐만 아니라, 준 독립적으로 운영되는 전문가 사무조직의 뒷받침을 받아 강력한 힘을 발휘하고 있었다. 프랑스농업이 비약적으로 성장했던 60~70년대에는 정부와 농민단체가 농정을 같이 관리(co-management)했다고 한다. 지금은 대화와 타협의 관계라고 했다. FNSEA는 국내뿐만 아니라 국제적으로도 강력한 힘을 발휘하고 있었다. 유럽농민단체총연맹(COPA)은 EU의 농업정책에 대응하는 유럽농민단체연맹인데, 이 조직도 FNSEA가 조직의 결성과 운영을 주도하고 있다고 한다. 뿐만 아니라 FNSEA대표단은 칸쿤회의 때 회의장 안에 있었다는 것을 은근히 자랑하기도 했다.

FNSEA 파리본부의 운영비는 연간 1200만 유로(약 170억원) 정도인데, 운영비 조달은 도 연맹과 품목별연합회에서 납부하는 회비가 약 50%이고, 교육사업수익, 광고수익, 그리고 "공익업무수행에 대한 정부의 작은 보조금"으로 구성된다고 한다. 도 연맹과 품목별연합회의 회비는 대개 회원들의 영농규모, 매출액 등 여러 가지 기준으로 책정되는데, 그것은 도와 품목별협의회별로 사정에 맞춰 자율적으로 결정한다고 한다. 대개 고정회비와 영농규모 등에 따른 변동회비로 구성된다고 한다.

　물론 필자가 프랑스 농업과 농민지원구조를 충분히 이해하고 이 글을 썼다고 자신할 수는 없다. 하지만 농민단체가 이렇게까지도 발전할 수 있다는 사실에 놀란 것이 사실이다. 선진국은 우리에 비해 영농규모와 농업기술에서 앞선 것뿐만 아니라, 농민단체와 농업관련 기구의 조직과 기능에서도 엄청나게 앞서 있다는 사실을 깨달았다. 필자는 경제사업을 잘하기 위해 농민들이 반드시 뭉쳐야 하고, 농협을 개혁해야 하며, 농민에게 필요한 기술개발을 위해 농민대표들이 농업현장 연구관련 예산 배분을 주도해야 한다는 등의 주장을 펴기도 했다. 그럼에도 불구하고 농정을 바로 하기 위해 농민들이 할 일이 이렇게 많을 줄은 몰랐다. '우리 농업과 농민들의 희망'이라 자부하는 한농연의 할 일이 너무 많다는 사실을 새삼 깨달은 출장이었다.

프랑스의 농업회의소

　프랑스에서는 농민은 물론이고 농산업계의 모든 이해관계자들도 각각 단체나 협회를 만들어 활동하고 있다. 한편, 이들 모두는 '농업과 농촌'이라는 한 배를 타고 있다는 것에도 동의하고, 각자의 이해관계를 '공정하게' 반영할 수 있는 '대의기구'인 농업회의소를 가지고 있다.

　농업회의소는 정부와 농민 및 농산업종사자 사이에서 대 정부 농

별첨4

업정책자문 기능과 대 농민 서비스 기능을 담당하고 있다. 중앙정부든 지방정부든 입법기관이든 농업정책을 만들 때에는 농업회의소의 의견을 듣도록 의무화되어 있다. 즉, 모든 농업정책은 확정하기 전에 전국의 농업회의소로 보내져 현장사정에 맞는지 검토를 받게 된다. 뿐만 아니라, 농업회의소는 현장의 문제를 발굴하여 정책으로 건의하기도 한다. 또한 농업회의소는 결정된 정책이 현장에서 원활히 집행될 수 있도록 사업계획서의 작성, 기술지도 등 대 농민 서비스기능도 담당하고 있다.

프랑스의 농업회의소는 우리나라의 기술센터처럼 공공성이 강한 기구이나, 운영은 민간에 의해 이루어지는 '반관반민'기구라 할 수 있다. 그 이유는 첫째, 운영비의 주축이 되는 회비가 거의 '강제적'으로 징수된다는 점이다. 즉, 운영비의 55%는 지역농업회의소의 결정으로 모든 농민과 관련 단체·협회의 회원들에게 영농규모에 따라 세금처럼 부과되는 회비가 차지하고 있으며, 나머지 약 35%는 중앙 및 지방정부 지원금이고, 15%는 서비스 수수료이다.

둘째, 농업회의소는 농업회의소 구성에 참여하는 모든 농업 및 농산업 관계자의 대표로 구성된 이사회가 농업회의소의 운영방침을 결정하기 때문이다.

프랑스 북쪽의 빠드깔레현의 사례를 보면, 농업회의소의 최고의 사결정기구인 이사회는 농민대표 21명, 은퇴농대표 2명, 지주대표 2

명, 산림주대표 1명, 농협직원 등 농업관련 임금근로자 대표 8명, 기타 농업 및 농산업관련 각계대표 11명 등 총 45명으로 구성되어 있다. 그러나 농업회의소는 실제로 농민에 의해 주도되고 있다. 45명의 이사 중 농민대표는 21명이지만, 지주대표(2), 산림대표(1), 은퇴농대표(2)도 실질적으로 농민이며, 기타 농산업관련 각계대표 11명 중 1, 2명이 "실질적인 농민"이라고 한다. 결과적으로 전체 45명의 이사 중 농민대표가 반수를 훨씬 초과하고 있기 때문이다. 농민이 주도하는 이사회는 농업회의소의장과 집행임원을 선출하여 사무총장과 100명의 직원들로 구성된 농업회의소를 관리·감독하게 하게 한다.

여기서 특별히 의문되는 점은, 농업계의 각 부분을 대표하는 이사의 수가 어떻게 결정되었으며, 어떻게 선출되었느냐 하는 점이다. 당연한 얘기지만, 이사는 대의원회에서 선출되며, 대의원들은 각 부분별 직능구성원들의 투표(농민대표는 농민들의 투표)로 선출된다. 따라서 직능별 이사 수는 각 직능별 대의원 수에 비례하며, 직능별 대의원 수는 "정치적인 타협의 산물"이라고 한다. 이 과정에서 농민단체의 힘이 워낙 강했기 때문에 농민대표의 수가 많아진 것이라 한다. 농민단체 중에서도 막강한 FNSEA의 입김이 크게 작용한 결과라고 한다. 구체적으로 농민대표 대의원이 선출되는 과정을 보면, 대의원 후보로 출마하고자 하는 사람은 각 농민단체가 만든 '지역의 농민모임'의 '공천'에 따라 각 '농민모임'의 대의원후보자명부에 올려지게 된

별첨4

다. 농민들은 후보를 낸 각 '농민모임'에 투표를 하고, 득표율에 따라 각 '농민모임'의 대의원당선자 수가 결정되는 것이다. 마치 우리나라의 정당투표제에 따라 국회의원을 뽑는 방식이다. 그 대의원들이 이사회 이사를 뽑고, 이사들이 집행위원을 뽑아 농업회의소를 '지배'하게 되는 것이다.

농업회의소 대의원을 뽑는 선거는 어느 농민단체가 농업계를 대표하느냐를 결정하는 것으로 농업계는 물론이고 정부와 정치권에서도 비상한 관심을 가지게 된다고 한다. 각 농민단체는 농민대의원을 뽑는 선거에서 보다 많은 농민의 지지를 얻기 위해 치열하게 경쟁한다고 한다. 단체가 지향하는 정책방향을 제시하고, 이를 달성하기 위해 정부와 협상하고 때로는 '투쟁'을 하며, 농민의 불편사항을 덜어주기 위한 대 농민서비스활동을 적극 전개한다고 한다. 전체 농민투표에서 약 70%의 지지를 받고 있는 FNSEA는 각계각층 농민들을 포괄하고 있을 뿐만 아니라, 마을단위조직에서부터 회원들의 결속력이 단단하다고 한다.

우리도 농민들의 '대의기구'로 농업회의소를 구성하기 위한 시도가 있었다. 농정에 농민의 뜻을 반영하기 위해서는 반드시 구성되어야 할 사항이다. 프랑스 농업회의소의 구성과 운영에 관한 사례는 '농민들이 하나의 의사결정기구를 만들기 위해서는 많은 논의와 타협이 있어야 할 것'이란 점을 시사하고 있다.